高等院校艺术学门类"十四五"系列教材

家具设计
（第二版）

JIAJU SHEJI

主　编　周　麒

副主编　杜晓莉　唐映梅　毛小欧　杨丹丹　周小娟

U0172048

华中科技大学出版社
http://press.hust.edu.cn
中国·武汉

内 容 简 介

　　本书包括概论、家具发展简史、家具设计与环境、家具的造型设计、家具材料与结构、家具设计与人体工程学、家具设计方法与程序、明式家具简介等方面的内容。

　　本书针对社会需求及教学内容需要，有针对性地对家具设计进行深入透彻的介绍与分析，有助于读者掌握家具设计的要领和技法。

图书在版编目(CIP)数据

家具设计/周麒主编.—2版.—武汉：华中科技大学出版社，2023.4
ISBN 978-7-5680-9412-2

Ⅰ.①家…　Ⅱ.①周…　Ⅲ.①家具-设计-高等学校-教材　Ⅳ.①TS664.01

中国国家版本馆 CIP 数据核字(2023)第 063585 号

家具设计(第二版)　　　　　　　　　　　　　　　　　　　周　麒　主编
Jiaju Sheji (Di-er Ban)

策划编辑：彭中军
责任编辑：段亚萍
封面设计：孢　子
责任监印：朱　玢
出版发行：华中科技大学出版社(中国·武汉)　　电话：(027)81321913
　　　　　武汉市东湖新技术开发区华工科技园　　邮编：430223
录　　排：武汉创易图文工作室
印　　刷：湖北新华印务有限公司
开　　本：889mm×1194mm　1/16
印　　张：7.5
字　　数：207 千字
版　　次：2023 年 4 月第 2 版第 1 次印刷
定　　价：49.00 元

目录 CONTENTS

第一章 概论 ………………………………………………………………… (1)

  第一节 家具设计的概念和任务 ………………………………………… (2)

  第二节 家具的分类与设计原则 ………………………………………… (4)

第二章 家具发展简史 ……………………………………………………… (13)

  第一节 中国传统家具 …………………………………………………… (14)

  第二节 外国古典家具 …………………………………………………… (18)

  第三节 外国现代家具 …………………………………………………… (24)

第三章 家具设计与环境 …………………………………………………… (30)

  第一节 家具在建筑室内环境中的地位 ………………………………… (31)

  第二节 家具在建筑室内环境中组织空间的作用 ……………………… (32)

  第三节 家具在建筑室内环境中分隔空间的作用 ……………………… (33)

  第四节 家具与环境设计 ………………………………………………… (33)

  第五节 家具与现代工业设计 …………………………………………… (35)

第四章 家具的造型设计 …………………………………………………… (37)

  第一节 家具造型设计的基本概念 ……………………………………… (38)

  第二节 家具造型设计的基本要素 ……………………………………… (39)

  第三节 家具造型形式美法则 …………………………………………… (42)

第五章 家具材料与结构 …………………………………………………… (46)

  第一节 家具的材料 ……………………………………………………… (47)

  第二节 常用家具结构 …………………………………………………… (51)

  第三节 家具五金配件 …………………………………………………… (63)

第六章 家具设计与人体工程学 …………………………………………… (65)

  第一节 概述 ……………………………………………………………… (66)

第二节　人体机能与家具设计的交互影响 ·························· (67)

第三节　坐卧类家具的功能设计 ································· (69)

第四节　凭倚类家具的功能设计 ································· (87)

第五节　储藏类家具的功能设计 ································· (91)

第七章　家具设计方法与程序 ····································· (96)

第一节　设计策划阶段 ··· (97)

第二节　设计构思阶段 ··· (97)

第三节　初步设计阶段 ··· (98)

第四节　施工设计阶段 ·· (100)

第八章　明式家具简介 ··· (102)

第一节　明式家具的特点与分类 ································ (103)

第二节　明式家具的材料 ······································ (104)

第三节　明式家具的结构 ······································ (108)

第四节　明式家具的装饰 ······································ (110)

第五节　明式家具的造型 ······································ (113)

第六节　明式家具的艺术风格 ·································· (114)

参考文献 ·· (116)

第
一
章

概
论

第一节　家具设计的概念和任务
第二节　家具的分类与设计原则

第一节 家具设计的概念和任务

一、家具及家具设计的概念

所谓家具(furniture),从传统上讲,一般指人们日常生活中使用的床、桌、椅、台、橱柜、屏风等能起支承、储藏及分隔作用的器具。然而,随着社会的进步和人类的发展,现代的家具几乎涵盖了所有的环境产品、城市设施、家庭空间、公共空间和工业产品。家具的材料从木质发展到金属、塑料、玻璃,甚至生态材料,它的设计和制造都是为了满足人们不断变化的需求,以创造更美好、更舒适、更健康的环境。从广义上讲,家具是指人类维持正常生活、从事生产实践和开展社会活动必不可少的一类器具。

家具设计(furniture design)是为了满足人们使用、心理及视觉的需要,在家具生产制造前所进行的创造性的构思与规划,并通过图纸、模型或样品表达出来的全部过程。简单地说,家具设计就是对家具进行预先构思、计划和绘制。

禅意家具组合如图1-1所示。

二、家具设计的任务

家具是科学与艺术的结合,是物质与精神的结合。而家具设计的任务正是以家具为载体,为人类创造更美好、更舒适、更健康的生活、工作、娱乐和休闲等物质条件,并在此基础上满足人们的精神需求。所以,家具设计可以看作是一种生活方式的设计。

图1-1 禅意家具组合

家具设计主要包含三个方面的内容：一是使用功能设计；二是外观造型设计；三是结构工艺设计。

1. 家具的使用功能设计

（1）家具的比例：包括家具整体外形尺寸关系，整体与零部件、零部件与零部件之间的关系。

（2）家具的尺度：是指家具整体绝对尺寸的大小，家具整体与零部件、家具与家具上摆放的物品、家具与室内环境对比所得到的对比尺度。

家具的使用功能设计的主要表达方式是方案设计图。

2. 家具的外观造型设计

（1）家具的外形：家具外形决定人的感受，各种不同的形状、规格等都是家具的外在形态，它们组合成了家具的外在效果。

（2）家具的色彩：家具色彩的选择不仅要考虑家具自身的色彩搭配，还要考虑家具所处的室内环境、使用的对象等因素，用色彩来丰富造型、突出功能、烘托气氛。

（3）家具的构图：应用形式美法则，来突出家具主体的形象。

家具的外观造型设计的主要表达方式是透视效果图及产品模型。

长案如图 1-2 所示。

3. 家具的结构工艺设计

（1）家具材料的选用：在满足功能、造型的基础上进行结构分析，选定材料。

（2）家具构造的方式选择：确定合理的接合方式。

（3）家具零部件的确定。

家具的结构工艺设计的主要表达方式是装配图、部件图、零件图和大样图。

Cassina 餐边柜如图 1-3 所示。

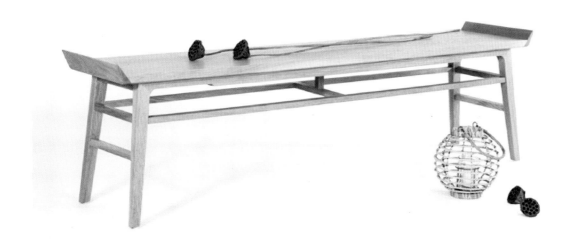

图 1-2　长案

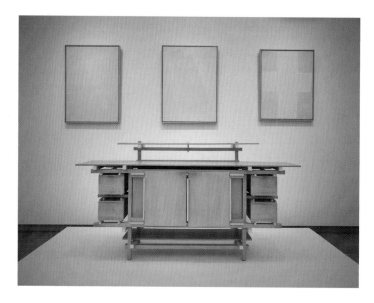

图 1-3　Cassina 餐边柜

第二节　家具的分类与设计原则

一、家具的分类

1. 按照基本功能分类

（1）支承类家具：直接支承人体的家具，如床、椅、凳、沙发等。支承类家具如图 1-4 所示。

图 1-4　支承类家具

图 1-5 凭倚类家具

图 1-6 储藏类家具

(2) 凭倚类家具:与人体直接接触、供人凭倚或伏案工作的家具,如桌、台、茶几等。凭倚类家具如图 1-5 所示。

(3) 储藏类家具:储藏或陈放物品的家具,如橱、柜、箱等。储藏类家具如图 1-6 所示。

2. 按照基本形式分类

(1) 椅凳类家具:如各类椅子(扶手椅、靠背椅、旋转椅、折叠椅等)、凳子、沙发等,如图 1-7 所示。

(2) 桌案类家具:如会议桌、写字桌、茶几等,如图 1-8 所示。

(3) 橱柜类家具:如衣橱、书柜、电视柜、床头柜、餐具柜、鞋柜等,如图 1-9 所示。

(4) 床榻类家具:如双人床、单人床、儿童床、高低床、睡榻等,如图 1-10 所示。

(5) 其他类家具:如屏风、挂衣架、花架等,如图 1-11 所示。

图 1-7　椅凳类家具

图 1-8　桌案类家具

图 1-9　橱柜类家具

图 1-10　床榻类家具

图 1-11　挂衣架

3. 按照使用材料分类

（1）木质家具：如实木家具、板式家具、曲木家具等，如图 1-12 所示。

（2）金属家具：如钢质家具、铝合金家具、铸铁家具等，如图 1-13 所示。

（3）塑料家具：主要用塑料加工而成的家具，如图 1-14 所示。

（4）竹藤家具：主要用竹材或藤材制成的家具，如图 1-15 所示。

（5）玻璃家具：以玻璃为主要构件的家具，如图 1-16 所示。

（6）石材家具：以各类天然石材或人造石材为主要构件的家具，如图 1-17 所示。

（7）其他材料家具：如软体家具、陶瓷家具、纸质家具等。

图 1-12　木质家具

图 1-13　金属家具

图 1-14　塑料家具

图 1-15　竹藤家具

图 1-16　玻璃家具

图 1-17　石材家具

4. 按照使用场所分类

（1）民用家具：供家庭使用的家具，如卧室家具、客厅家具等，如图 1-18 所示。

（2）办公家具：用于办公场所的家具，如文件桌、文件柜、会议桌等，如图 1-19 所示。

图 1-18　民用家具

图 1-19　办公家具

图 1-20　宾馆家具

图 1-21　户外家具

（3）特种家具：用于特定场合的家具，如宾馆家具、医疗家具等，宾馆家具如图 1-20 所示。

（4）户外家具：用于室外场所的家具，如公园、花园、游泳池等场所所用的家具等，如图 1-21 所示。

5. 按照结构形式分类

（1）固定式家具：零部件之间采用榫接合、连接件接合、胶接合、钉接合等形式一次性装配而成的家具，结构稳定，不可再次拆装，如实木框式家具等。

（2）拆装式家具：零部件之间采用圆榫或连接件接合等形式组成，并可多次拆装的家具，如 KD 拆装式家具、RTA 待装式家具、"32 mm"系统家具等。

（3）折叠式家具：能翻转或折合使用并能叠放的家具，以便于携带、存放和运输，又分为整体折叠家具、局部折叠家具等。

6. 按照放置形式分类

（1）自由式家具：又称移动式家具，根据需要任意移动或改变放置位置的家具。

（2）嵌固式家具：嵌入或紧固于建筑物或交通工具内且不可再变换位置的家具。

（3）悬挂式家具：用连接件悬挂在墙壁或天花板上的家具。

7. 按照风格分类

（1）西方古典风格家具：如哥特式家具、巴洛克式家具等。巴洛克式家具如图 1-22 所示。

（2）中国传统风格家具：如明式家具、清式家具等。罗汉床如图 1-23 所示。

（3）现代式风格家具：19 世纪后期以来，利用工业机器和现代技术生产出的家具，如图 1-24 所示。

图 1-22　巴洛克式家具

清 黄花梨草龙纹三弯腿罗汉床
成交价: HKD 562,347

明末 黄花梨罗汉床
成交价: HKD 2,811,736

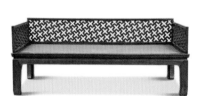

清早期 黄花梨万字纹马蹄足罗汉床
估价:RMB 1,800,000~3,600,000

镶楠木山水耕织图罗汉床
估价: RMB 230,000~300,000

图 1-23　罗汉床

图 1-24　现代式风格家具

二、家具设计原则

家具设计作为一种工业产品设计,原则上应该兼顾使用和生产两方面的要求。因而,家具设计必须遵循以下几项原则。

1. 实用性

要满足其功能性要求,即满足使用者的需要。

2. 舒适性

要符合人体工程学的原理,要能够让人在使用家具的过程中提高工作效率、增加休息时间,使生活更加便利。

3. 安全性

要保障使用者的健康和安全,对人体没有伤害和毒害隐患。

4. 美观性

要具有欣赏价值,要表现时代的流行特征,满足市场的各种需求。

5. 经济性

在其所用的材料、结构和工艺等方面要有一个合理的经济指标。

6. 技术性

合理的结构、高效的技术加工手段是现代家具生产越来越重视的方面。

客厅家具组合如图 1-25 所示。

图 1-25　客厅家具组合

第二章

家具发展简史

第一节　中国传统家具
第二节　外国古典家具
第三节　外国现代家具

第一节 中国传统家具

一、"席地而坐"的前期家具

1. 商周时代的家具

根据甲骨文中"席""宿"等字的形状及现存的出土青铜器，可知道当时家具已在人们生活中占有一定的地位，当时室内铺席，人们习惯"席地跪坐""席下垫以筵"。商代的家具有切肉用的"俎"和放酒用的"禁"，还有床、案，到了周代又增加了凭靠的几和屏风、衣架等。此外，在家具及青铜器上还铸有饕餮纹、夔纹、云雷纹等精美的雕饰图案，如图 2-1 所示。

2. 春秋战国时期的家具

到春秋战国时期，生产力的提高不断推动着手工业的发展，髹漆工艺已达到相当高的水平，此时人们的室内生活虽仍保持席地跪坐的习惯，但家具的制造和种类已有很大发展。家具的使用以床为中心，出现了漆绘的几、案等凭靠类家具，但都很矮。

燕尾榫、凹凸榫、割肩榫等木质结构也在当时的家具上广泛运用。春秋战国时期木质结构家具如图 2-2 所示。

3. 两汉、三国时期的家具

两汉、三国时期家具的类型在春秋战国时期的基础上发展到床、榻、几、案、屏风、柜、箱和衣架等，且用途发生了一些变化。几、案合二为一，多设于床前或榻的侧面，案面逐渐加宽加长；榻的用途扩大，出现了有围屏的榻；还出现了形似柜橱的带矮足的箱子。到东汉末期，西域的胡床传入中原，仅作战争和狩猎时的必备家具。

图 2-1 商周时代雕饰图案

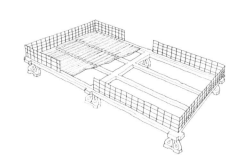

图 2-2　春秋战国时期木质结构家具

图 2-3　两汉、三国时期家具纹样

这一时期,装饰纹样增加了绳纹、齿纹、植物纹样以及三角形、菱形、波形等几何纹样。两汉、三国时期家具纹样如图 2-3 所示。

二、过渡时期的家具

1. 两晋、南北朝时期的家具

这一时期的家具由矮向高发展,品种不断增加,造型和结构也更趋丰富完善。东汉末年即已传入的胡床已普及到民间,同时出现了各种形式的高坐具,床、榻也开始增高加大,人们可坐于榻上,也可垂足坐于榻沿,床上部加床顶,四旁围置可拆卸矮屏,下部多以壶门为装饰。随着佛教的传入,装饰纹样出现了火焰纹、莲花纹、卷草纹、璎珞、飞天、狮子、金翅鸟等纹样。两晋、南北朝时期的家具如图 2-4 所示。

2. 隋、唐、五代时期的家具

这一时期正处于两种起居方式交替阶段,垂足而坐的方式由上层阶级开始逐渐遍及全国,同时依然保留着席地而坐的习惯,出现了高低型家具并用的局面。家具的品种和样式大幅增加,坐具出现长凳、腰圆凳、靠背椅和圈椅,同时顶帐屏床、凹形床、鼓架、烛台、柜、箱、座屏、可折

图 2-4　两晋、南北朝时期的家具

图 2-5　隋、唐、五代时期的家具

叠的围屏等新型家具也越来越合理、实用，家具尺寸与人体的比例也越来越协调。装饰纹样有变形的各种壸门装饰，有莲瓣纹、回纹、连珠纹、流苏纹、火焰纹等。隋、唐、五代时期的家具如图2-5 所示。

三、"垂足而坐"的后期家具

1. 两宋、元时期的家具

垂足而坐的起居方式在两宋时期已成为普遍方式，一大批新的家具持续不断地出现，这一时期是我国高型家具的大发展时期。桌、椅、凳、床框、折屏、带托泥大案等高型家具十分普遍，并出现了很多新制形的家具，如高几等，还有专为私塾制作的椅、凳、案等儿童家具也在私办学堂中普及开来。

在家具结构上突出的变化是梁柱式的框架结构代替了隋唐时期流行的箱形壸门结构。这些变化使家具结构更趋合理，为明清家具的进一步发展奠定了基础。两宋、元时期的家具如图2-6 所示。

2. 明代时期的家具

从家具发展的演变过程来看，明代至清初(14 世纪后叶至 18 世纪初叶)时期的家具，以造型简洁、素雅端庄、比例适度、线条挺秀舒展、不施过多装饰等为特点，形成了一种独特的风格，

图 2-6　两宋、元时期的家具

博得了人们的赞赏和珍视,习惯上把这一历史时期的家具统称为明式家具。

明式家具品类繁多,可粗略划分成六大类:椅凳类、桌案类、橱柜类、床榻类、台架类和屏座类。

明式家具是我国传统家具发展的历史高峰,无论从当时的制作工艺或者艺术造诣来看,都达到了很高的水平,取得了极大的成就。明式家具的特点主要包括以下三个方面:①选材考究、用材合理;②结构严谨,做工精细,造型优美多样;③尺寸比例关系协调合理。

明式家具在造型艺术、制作技术、功能尺度等方面形成了别具一格的特色,在世界家具体系中占有重要的地位。明式家具的独到之处是多方面的,它体现出了一种简朴素雅、秀丽端庄、韵味浓郁、刚柔相济的独特风格。明代时期的家具如图 2-7 所示。

3. 清代时期的家具

清代时期的家具在造型上,突出强调稳定、厚重的雄伟气度;在装饰内容上,追求烦琐的装饰,使用陶瓷、珐琅、玉石、象牙、贝壳等作镶嵌装饰,大量采用隐喻丰富的吉祥瑞庆题材,来体现人们的生活愿望和幸福追求;在制作手段上,汇集了雕、嵌、描、绘、堆漆、剔犀等高超技艺,镂镂雕刻巧夺天工;在品种上,清代家具在继承明代家具的类型基础上,还延伸出各种形式的新型家具,如多功能陈列柜、折叠与拆装桌椅等,在故宫内还出现了很多固定家具,与墙体上的飞罩融于一体,这种新制法也是前所未有的。清代时期的家具如图 2-8 所示。

图 2-7　明代时期的家具

图 2-8　清代时期的家具

第二节　外国古典家具

一、外国古代家具

1. 古埃及家具(公元前 27 世纪—前 4 世纪)

古埃及的贵族们一开始就使用椅子和凳子,因此椅子被看成是宫廷权威的象征,是当时家具种类中最重要的品种。

古埃及家具的造型遵循着严格的对称规则,华贵中呈威仪,拘谨中有动感,充分体现了使用者权势的大小和其社会地位的高低。

古埃及家具尤其是宫廷家具对装饰性的强调超过了实用性,其装饰手法丰富,雕刻技艺高超。常用金、银、象牙、宝石、乌木等作为装饰。桌、椅、床的腿常雕成兽腿、牛蹄、狮爪、鸭嘴等形象。装饰纹样多为莲花、芦苇、鹰、羊、蛇、甲虫等图案。家具的木工技艺也达到一定的水平,已出现较完善的裁口榫接合结构,镶嵌技术也相当熟练。古埃及家具如图 2-9 所示。

图 2-9　古埃及家具

2. 古西亚家具（公元前 10 世纪—前 5 世纪）

这一时期的家具已有座椅、供桌、卧榻等，其主要的装饰方法仍是浮雕和镶嵌。涡形图案得到普遍使用，这种图案在古埃及家具中很难见到。在家具立腿的脚部底端出现了倒置的松果形，证明当时已经有旋木的出现。家具的坐垫上经常有装饰的丝穗，各种装饰图案显现出华丽的风采，具有浓厚的东方装饰特点。其代表作品有亚述王森那凯里布用椅等。古西亚家具如图2-10 所示。

3. 古希腊家具（公元前 7 世纪—前 1 世纪）

古希腊家具的魅力在于平民化，其造型适合人类生活的要求，具有简洁、实用、典雅等众多优点，功能与形式统一，体现出自由、活泼的气质，立足于实用而不过分追求装饰，具有比例适宜、线条简洁流畅、造型轻巧的特点，尤其是座椅的造型更加优美舒适。家具的腿部常采用建筑的柱式造型并使用旋木技术，推进了家具艺术的发展。古希腊家具常以蓝色作底色，表面彩绘忍冬叶、月桂、葡萄等装饰纹样，并用象牙、玳瑁、金、银等材料作镶嵌。其代表作品有克里斯莫斯椅、克里奈躺椅等。古希腊家具如图 2-11 所示。

图 2-10　古西亚家具

图 2-11　古希腊家具

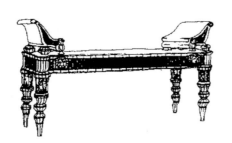

图 2-12　古罗马家具

4. 古罗马家具（公元前 5 世纪—5 世纪）

古罗马家具带有奢华的风貌。尽管它在造型和装饰上广受古希腊家具风格的影响，但具有古罗马帝国的坚厚、凝重的风格。古希腊家具素以轻快、爽利见长，而古罗马家具则以坚实呆滞为重。家具上雕刻精细，特别是出现了模铸的人物和植物图饰。兽足形的家具立腿较古埃及家具的更为敦实，旋木细工的特征明显体现在多次重复的深沟槽设计上。常用的纹样有雄鹰、带翼的狮、胜利女神、桂冠、卷草等。现在所见盛期的座椅、桌、卧榻等家具均是由青铜或大理石制作的。古罗马家具如图 2-12 所示。

二、中世纪家具

1. 拜占庭家具（公元 328 年—1005 年）

拜占庭家具继承了古罗马家具的形式，并融合了古西亚和古埃及家具的艺术风格，还融合了波斯的细部装饰，以雕刻和镶嵌最为多见。装饰手法上常模仿罗马建筑的拱券形式，常用象牙和金、银镶嵌。装饰纹样以叶饰与象征基督教的十字架、花冠、圈环及狮、马等纹样结合为基本特征，具有东方风格。拜占庭家具如图 2-13 所示。

图 2-13　拜占庭家具

2. 仿罗马式家具（公元 10 世纪—13 世纪）

仿罗马式家具是仿罗马式建筑的缩写,主要特征是在造型和装饰上模仿古罗马建筑的拱券等式样,同时还有旋木技术的应用,被看作是后来温莎式家具的基础。装饰纹样有几何纹样、编织纹样、卷草、十字架、基督、圣徒、天使和狮子等。这一时期的代表作品有全部用旋木制作的仿罗马式扶手椅、山顶形衣柜等。仿罗马式家具如图 2-14 所示。

3. 哥特式家具（公元 12 世纪—16 世纪）

哥特式家具受到哥特式建筑的影响,采用尖顶、尖拱、束柱、垂饰罩、浅雕或透雕的镶板装饰,给人以刚直、挺拔、向上的感觉,这与仿罗马式家具厚实的风格截然不同。哥特式家具的艺术风格还在于精致的雕刻上,家具几乎每一处平面空间都被有规律地划分成矩形,矩形内布满了藤蔓、花叶、根茎和几何图案的浮雕,这些装饰题材几乎都取材于基督教《圣经》里的内容,如图 2-15 所示。

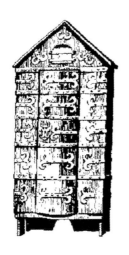

图 2-14　仿罗马式家具

图 2-15　哥特式家具

三、近世纪家具

1. 文艺复兴时的家具（公元 14 世纪—16 世纪）

受文艺复兴思潮的影响，西方家具在哥特式家具的基础上吸收了古希腊、古罗马家具的特点，在结构上改变了中世纪家具全封闭式的框架嵌板形式。椅子下座全部敞开，在各类家具的立柱上采用了花瓶式的旋木装饰。箱柜类家具有檐板、檐柱和台座，比例良好和谐。装饰题材上消除了中世纪时期的宗教色彩，在装饰手法上赋予了更多人情味。

这一时期主要代表作品有：严谨、华丽的意大利文艺复兴家具，纤细的法国文艺复兴家具，刚劲、质朴的英国文艺复兴家具，稳重、挺拔的德国文艺复兴家具，简洁、单纯的西班牙文艺复兴家具等。文艺复兴时的家具如图 2-16 所示。

2. 巴洛克风格家具（公元 17 世纪—18 世纪初）

巴洛克风格以浪漫主义作为形式设计的出发点，运用多变的曲面及线形，追求宏伟、生动、热情、奔放的艺术效果，而摒弃了古典主义造型艺术上的刚劲、挺拔、肃穆、古板的遗风。文艺复兴时代的艺术风格是理智的，从严肃端正的表面上强调静止的高雅；而巴洛克艺术风格则是浪漫的，以秀丽委婉的造型表现出运动中的抒情趣味。巴洛克风格家具如图 2-17 所示。

图 2-16　文艺复兴时的家具

图 2-17　巴洛克风格家具

3. 洛可可风格家具（18世纪初—18世纪中期）

洛可可风格家具排除了巴洛克风格家具造型装饰中追求豪华、故作宏伟的成分,吸收并夸大了曲面多变的流动感。路易十五的靠背椅和安乐椅就是洛可可风格家具的典范。

洛可可家具的装饰特点是在青白色的基调上镂以优美的曲线雕刻,并加上金色涂饰或彩绘美丽纹理的本色涂饰。雕刻装饰图案主要有狮、羊、猫爪脚、C形、S形、涡卷形的曲线、花叶边饰、齿边饰、叶蔓与矛形图案、玫瑰花、海豚、旋涡纹等。洛可可风格家具如图2-18所示。

4. 新古典风格家具

新古典风格家具的主要特征为做工考究、造型精练而朴素,以直线为基调,不做过密的细部雕饰,以方形为主体,追求整体比例的和谐与呼应。表现出注重理性,讲究节制,避免繁杂的雕刻和矫揉造作的堆砌。家具的腿大多是上大下小,且带有装饰凹槽的车木件圆柱或方柱。椅背多为规则的方形、椭圆形或盾形,内镶简洁而雅致的透空花板或包蒙绣花天鹅绒与锦缎软垫。

法国的路易十六式和英国的亚当式、赫普尔怀特式、谢拉顿式是欧洲新古典主义家具中最优美的家具形式,是设计史上继承和发扬古典艺术的典范。与其相反,帝政式家具只是生拼硬凑的模仿,成为古代家具的翻版,因而这种风格也是有史以来国际影响最小的一种风格。新古典风格家具如图2-19所示。

图 2-18 洛可可风格家具

图 2-19 新古典风格家具

第三节 外国现代家具

一、现代家具的探索(1850—1914 年)

1．托耐特曲木家具

迈克尔·托耐特(Michael Thonet，1796—1871 年)生于莱茵河畔博帕特的工匠之家，1830 年左右开始研究曲木技术。经过近十年的技术改革，托耐特终于从实践中摸索出一套制造曲木家具的生产技术。托耐特经过研究，发明了外加金属带使中性层外移的曲木方法。这些原理现仍应用在很多曲木机上，并将其称为"托耐特法"。托耐特曲木家具如图 2-20 所示。

2．工艺美术运动

19 世纪中叶，莫里斯(William Morris，1834—1896 年)在英国倡导了"工艺美术运动"，这一运动的基本思想在于改革过去的装饰艺术，并以大规模的、工业化生产的廉价产品来满足人们的需要，因而它标志着家具从古典装饰走向工业设计的第一步。代表作品有靠背可调节倾斜度的莫里斯椅。莫里斯椅如图 2-21 所示。

3．新艺术运动

新艺术运动是 1895 年在法国兴起，至 1905 年结束的一场波及整个欧洲的艺术革新运动，它致力于寻求一种丝毫也不从属于过去的新风格，以表现自然形态的曲线作为家具的装饰风格，并以此来摆脱古典形式的束缚。其主要代表人物有法国的海·格尤马特(H. Guimard，1867—1942 年)、比利时的亨利·凡·德·维尔德、英国的麦金托什以及西班牙的高迪(A. Gaudi，1852—1926 年)等。由于新艺术运动是以装饰为重点的个人浪漫主义艺术风格，忽略了家具的实用性，又在结构上产生了不合理的地方，而且价格昂贵，故而很快这种风格便结束了。

图 2-20 托耐特曲木家具

图 2-21 莫里斯椅

4．维也纳的革新运动

19世纪与20世纪之交的维也纳是现代主义设计运动的中心。1899年，以瓦格纳（Otto Wagner，1841—1918年）为首的一些受"新艺术运动"影响的奥地利建筑师建立了维也纳装饰艺术学校，称为"维也纳学派"。

5．德意志制造联盟

由德国建筑师沐迪修斯倡议，于1907年10月在慕尼黑成立了德意志制造联盟协会。沐迪修斯曾到过伦敦，受到"工艺美术运动"的深刻影响。

二、"二战"期间现代家具的形成（1914—1945年）

1．风格派

1917年荷兰的一些青年艺术家聚集在莱顿市，组成一个名为"风格"的造型艺术团体，称为"风格派"。"风格派"主张采用纯净的几何形及垂直或水平的面来塑造形象，反对用曲线，色彩则选用红、黄、蓝等几种原色。其代表作品有雷特维德设计的红蓝椅、"Z"字椅等，如图2-22所示。

2．包豪斯

1919年格罗皮乌斯（Walter Gropius，1883—1969年）在德国组建了"包豪斯"设计学院。包豪斯的设计风格被世人公认为真正的"现代主义"。包豪斯的作品以简洁、抽象的造型为主，完全不受历史风格的影响，致力于形式、材料和工艺技术的统一。包豪斯是现代设计教育的摇篮，它完善了现代主义设计理论和教育体系，培养并影响了许多设计师。其代表作品有马歇尔·布劳尔（Marcel Breuer，1902—1981年）设计的由不锈钢管制成的瓦西里椅、悬挑休闲椅等，如图2-23所示。

3．阿尔瓦·阿尔托

芬兰设计师阿尔瓦·阿尔托（Alvar Aalto，1898—1976年）是20世纪伟大的建筑大师和设计大师，他的设计风格理性而不呆板，简洁实用的设计既满足了现代化大生产的要求，又继承了

图 2-22　红蓝椅、"Z"字椅

图 2-23　瓦西里椅、悬挑休闲椅

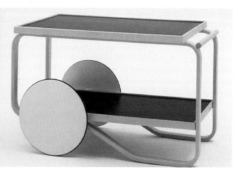

图 2-24　热压弯曲的胶合板椅子

传统手工艺精致典雅的特点。阿尔托的作品明显地显现出他受到芬兰环境影响的痕迹，他善于将自然景色加以视觉抽象并利用在自己的设计上。他还致力于研究木材层压和弯曲技术在家具设计上的应用，设计了各种热压弯曲的胶合板椅子，如图 2-24 所示。阿尔托 1930 年创建了阿泰克公司，专门生产他自己设计的家具、灯具和其他日用品。

4. 勒·柯布西埃

出生于瑞士的勒·柯布西埃（Le Corbusier，1887—1965 年）是 20 世纪最有影响力、最具创新精神的建筑设计大师。他特别强调机器美学。勒·柯布西埃完全摒弃了传统建筑过度装饰的设计手法，创造了全新的现代建筑设计理念，提出"新建筑五项原则"：①室内空间不受限制；②平屋顶；③宽大连续的玻璃窗；④简单的立面；⑤底层架空结构。这种观点也影响了他设计的大量家具作品。他设计家具时强调实用功能，并能充分考虑人体工程学的要求，造型也十分优美，代表作品有 1927 年设计的角度可自由调节的牧童椅、1929 年设计的平衡椅等。牧童椅如图 2-25 所示。

5. 密斯·凡·德·罗

密斯·凡·德·罗（Ludwig Mies Van der Rohe，1886—1969 年）出生于德国，与格罗皮乌斯、勒·柯布西埃、弗兰克·劳埃德·赖特同被列为 20 世纪现代建筑的四大元老。1928 年密斯提出了"少就是多"的处理原则，即以全面空间、纯净形式、模数构图为特征的设计方法，作为

图 2-25　牧童椅

图 2-26　巴塞罗那椅

"密斯风格"的标志。1926 年他设计了第一把悬挑式钢管椅，1929 年他受邀设计巴塞罗那博览会中的德国馆，著名的巴塞罗那椅由此诞生，如图 2-26 所示。密斯的家具体现了他的"当技术实现了它的真正使命就升华为艺术"这一艺术与技术统一的思想。

三、"二战"后现代家具的发展

1．北欧现代家具

"二战"期间，地处北欧的丹麦、瑞典、芬兰、挪威在设计领域中迅速崛起，取得了令人瞩目的成就，形成了影响十分广泛的北欧风格。北欧家具敦实而舒适，体现出对传统的尊重，对自然材料的欣赏，对形式和装饰的克制，力求在形式和功能上的统一。北欧现代家具如图 2-27 所示。

2．美国现代家具

"二战"期间，大批优秀的欧洲建筑师和设计师为逃避战争来到美国，促进了美国现代设计的发展。自 1933 年包豪斯宣布解散后，一批主要成员带着现代设计思想的火花，到美国形成了燎原之势，这对于推动美国现代家具发展、使美国家具走向世界都起到了巨大的作用。

图 2-27　北欧现代家具

图 2-28　美国现代家具

1923 年，芬兰建筑师伊利尔·沙里宁（Eliel Saarinen，1873—1950 年）来到美国，并在底特律市郊创办了克兰布鲁克（Cranbrook）艺术学院，创建了既具包豪斯特点又有美国风格的新艺术设计体系，成为美国现代工业设计的摇篮。一些美国最有才华的青年设计师如伊姆斯、小沙里宁、贝尔托亚等都来自该学院，后来他们成为美国工业设计界的中坚力量。美国现代家具如图 2-28 所示。

3. 意大利现代家具

意大利的现代家具是在 20 世纪 50 年代才发展起来的。它建立在大企业、小作坊、设计师密切协作的基础之上。它将现代科学技术与意大利的民族文化融为一体，以优秀的设计和上乘的质量而享誉世界，并形成了以米兰和都灵为首的世界家具设计与制造中心，每年举办的米兰国际家具博览会吸引了全球的家具企业，设计师云集米兰，成为家具业的"奥斯卡"。意大利现代家具如图 2-29 所示。

4. 法国现代家具

法国的家具曾有过光辉的历史，巴洛克、洛可可风格的家具使法国曾一度成为欧洲的家具中心，对世界家具有着很大影响。进入 20 世纪 60 年代后，北欧四国、意大利，还有德国、美国、日本等国现代工业设计方兴未艾，法国由于设计观念陈旧，相比之下明显落伍了。为了消除这种弊端，自 20 世纪 80 年代起，法国政府官邸中的古典家具改为现代家具，以示对现代设计的重视和鼓励。为扶持现代设计教育专门举办设计竞赛，20 世纪 80 年代中期，法国的现代设计水平已逐渐提升，进入国际先进行列。法国现代家具如图 2-30 所示。

Moroso
GEMMA

Moroso
RIFT

图 2-29　意大利现代家具

5. 日本现代家具

"二战"后,20世纪50年代初至60年代末是日本经济的发展初期,其工业设计从模仿欧美产品着手,进行改良设计,以求与国际设计接轨,这个时期的不少产品都有着明显的模仿痕迹。自20世纪70年代后,日本经济进入繁荣发展的全盛时期,工业设计也得到了极大的发展,由模仿到改良,从改良到创新,逐步形成了日本特色的设计风格,日本成为世界设计大国之一。日本现代家具蝴蝶凳如图2-31所示。

图 2-30 法国现代家具

图 2-31 日本现代家具蝴蝶凳

第三章

家具设计与环境

第一节　家具在建筑室内环境中的地位

第二节　家具在建筑室内环境中组织空间的作用

第三节　家具在建筑室内环境中分隔空间的作用

第四节　家具与环境设计

第五节　家具与现代工业设计

图 3-1　禅意家具

　　家具的发展和建筑的发展一直是并行的关系,在漫长的历史长河中,无论是东方还是西方,建筑样式和风格的演变一直影响着家具样式和风格的发展。如欧洲中世纪哥特式教堂建筑的兴起,同样有刚直、挺拔的哥特式家具与建筑形象相呼应;中国明代园林建筑的繁荣就有精美绝伦的明式家具相配套。现代国际主义建筑风格的流行同样产生了国际主义风格的现代家具。禅意家具如图 3-1 所示。

　　要重新审视家具与建筑的整体环境之间的关系。家具始终是人类与建筑空间的一个中介物,即"人—家具—建筑"。建筑是人造空间,是人从动物界进化发展摆脱出来的最重要的一步,家具的每一次演变,都与人类的生活方式的改变息息相关。家具是人类在建筑空间和环境中再一次创造文明空间的产物,这种文明空间的创造是人类改变生存环境和生活方式的一种设计创造与技术创造的行为。人类不能直接利用建筑空间,而需要通过家具把建筑空间"消化"转变为家,所以家具设计是建筑环境与室内设计的重要组成部分。

第一节　家具在建筑室内环境中的地位

　　家具是构成建筑环境室内空间的使用功能和视觉美感至关重要的因素。尤其是在科学技术高速发展的今天,由于现代建筑设计和研究都有了很大的进步,建筑学的内涵有了更广泛的定义,现代建筑环境艺术与室内设计作为一个学科的分支逐渐从建筑学中分离出来,形成一个新的专业。

　　由于家具是建筑室内空间的主体,人类的工作、学习和生活在建筑空间中都是以家具来演绎和展开的。无论是生活空间、工作空间还是公共空间,在建筑室内设计上都要把家具的设计与配套放在首位,家具是构成建筑室内设计风格的主体,然后再按顺序深入考虑天花板、地面、墙、门、窗各个界面的设计,加上灯光、布艺、艺术品陈列及现代电器的配套设计,综合运用现代人体工学、现代美学、现代科技的知识,为人们创造一个功能合理、完美和谐的现代文明建筑室内空间。建筑室内空间布置如图 3-2 所示。

图 3-2　建筑室内空间布置

第二节　家具在建筑室内环境中组织空间的作用

　　建筑室内为家具的设计、陈设提供了一个限定的空间，家具设计就是要求设计师在这个限定的空间中，以人为本，合理组织安排室内空间的设计。由于人从事的工作、生活方式是多样的，在建筑室内空间中，不同的家具组合，可以组成不同的空间。如沙发、茶几、灯饰、组合声像电器装饰柜组成了一个起居、娱乐、会客、休闲的空间；餐桌、餐椅、酒柜组成了一个餐饮空间；整体化、标准化的现代厨房组合成了一个备餐、烹调的空间；电脑工作台、书桌、书柜、书架组合成了一个学习、工作的空间；会议桌、会议椅组成了一个会议空间；床、床头柜、大衣柜组合成了一个供人们休息的空间等。随着信息时代的到来、智能化建筑的出现，现代家具设计师对不同建筑空间概念的研究将是不断改变和推进的。餐饮空间如图 3-3 所示。

图 3-3　餐饮空间

第三节 家具在建筑室内环境中分隔空间的作用

在现代建筑室内环境中,由于现代框架结构的建筑越来越普及,建筑的内部空间越来越大、越来越通透,无论是现代的大空间办公室、公共建筑,还是家庭居住空间,墙的空间隔断作用越来越多地被隔断家具所替代,既满足了使用的功能,又增加了使用的面积。

如整面墙的大衣柜、书架,或各种通透的隔断与屏风,大空间办公室的现代办公家具组合,组成互不干扰又互相连通的具有写字、计算机操作、文件储藏、信息传递等多功能的办公单元。家具取代墙在建筑室内起分隔空间的作用,特别是在室内空间造型上大大提高了室内空间的利用率,同时丰富了建筑室内空间的造型样式。起分隔作用的展示柜如图 3-4 所示。

图 3-4 起分隔作用的展示柜

第四节 家具与环境设计

第二次世界大战以后,全球进入了一个相对和平、高速发展的繁荣时期,尤其是城市设计、公共环境设计的理念得到显著的发展。城市建筑设计、公共环境设计最能代表人类文明的发展,家具的发展和进化与建筑环境和科学技术的发展息息相关,更与社会形态同步。

现代家具和城市环境公共设施密切相关。现代城市公共环境中的家具设计、标识视觉指示系统设计、垃圾箱和护栏设计、灯光照明设计、园林绿化设计、喷泉和雕塑设计、公共交通候车亭设计等已经是现代环境艺术设计的系统工程。城市的广场、公园、街道、庭院日益成为一个面向所有市民开放的户外起居室。现代人类城市建筑空间的变化,使现代家具又有

了一个新的发展空间——城市建筑环境公共家具设计。

随着人类社会生活形态的不断演变,创造具有新的使用功能又有丰富的文化审美内涵,使人与环境愉快和谐相处的公共空间设施与家具设计是现代艺术设计中的新领域。家具正从室内和商业场所不断地扩展延伸到街道、广场、花园、林荫道、湖畔……随着人们休闲、旅游、购物等生活行为的增长,人们需要更多的舒适、稳固、美观的公共户外家具。

一个好的户外家具要满足三个主要条件:稳固、舒适、与环境协调。它必须易于运输、加工,易于工业化、标准化生产和装配,可固定于地上,要符合人体工程学的尺度和造型,要有合适的朝向和方位布置,能抵御故意破坏者的暴力损毁,易于城市公共市政部门修理和更换,要能较好地适应和减轻日晒雨淋的影响。同时应该便于清洁,能经受重压,能适应男女老幼的不同身形,特别是要从现代造型美学的角度去讲究美。现代户外公共家具设计更加注重家具的造型、色彩、与周边环境的协调,优秀的户外家具就像一座精美的户外抽象雕塑,它对当地环境起着美化、烘托、点缀的作用。户外家具如图 3-5 所示。

现代公共环境户外家具设计是一个激动人心的新挑战,需要当代的家具设计师在理论和实践中不断创造,并作为城市公共环境整体规划设计的一部分,确立城市环境的整体形象,创造具有人文魅力的都市景观,体现家具设计师在社会文明、社会经济等诸多方面的参与能力和社会责任感。

图 3-5　户外家具

第五节　家具与现代工业设计

　　工业革命揭开了人类文明史新的一页,机器的发明、新技术的发展、新材料的发现带来了家具的机械化的大批量生产,从而取代了传统的手工艺劳动,使社会与生活发生了大规模的变化。

　　工业生产体系的建立以及城市生活新模式的出现,使家具的工业化大批量生产和大批量消费成为可能,原来两极分化的皇室宫廷家具和民间家具由于工业化大批量生产及工艺的变革正逐步走向一体化。

　　现代意大利家具和北欧的丹麦、瑞典、芬兰的家具就是将一直继承着完美技艺的传统工艺移植到现代工业产品中去的杰出代表。尤其是家具设计开始发挥十分重要的作用。随着大众消费需求的发展,现代家具设计使新的家具产品源源不断地开发出来,为现代家具设计文化奠定了基础。意大利家具如图3-6所示。

　　现在建筑、家具和艺术都已经在互相渗透,随着科学的发展和技术的进步,特别是新材料和新工艺的不断出现,现代家具的内涵和外延正不断扩大。高科技全面介入,新材料、新工艺综合应用,家具设计不断创新,促进了人类生活、工作、休闲方式的变革。现代家具正从生活实用的物质器具转向精神审美的文化产品,现代家具不仅使人类的生活与工作更加方便舒适,还能给人以愉悦的精神享受。新中式家具组合如图3-7所示。

　　现代家具设计具有三个基本的特征:一是建立在大工业生产的基础上;二是建立在现代科学技术发展的基础上;三是标准化、部件化的制造工艺。所以,现代家具设计既属于现代工业产品设计的一类,又是现代环境设计、建筑设计,尤其是室内设计中的重要组成部分。

图 3-6　意大利家具

图 3-7　新中式家具组合

第 四 章

家具的造型设计

第一节　家具造型设计的基本概念
第二节　家具造型设计的基本要素
第三节　家具造型形式美法则

第一节　家具造型设计的基本概念

一、造型设计的基本概念

所谓造型设计是指创造出能够给人们带来美好感觉和审美愉悦的具有艺术价值的形体的一系列工作。造型设计是一个思维过程的总结，主要是通过人的视觉传达系统来感受的，进而刺激情绪的波动来产生情感上的喜好。

在造型设计中，包括了形态、色彩、肌理、质感等方面的因素，并按照一定的法则去构成美的形象。

二、家具造型设计的基本概念

家具造型设计是一种自由而富于变化的创造手法，它没有一种固定的模式。但是根据家具的演变风格与时代的流行趋势，现代家具以简练、抽象造型为主流，具象造型多用于陈设性观赏家具或家具的装饰构件。

根据现代美学原理及传统家具风格，可以把家具造型分为理性造型、感性造型和传统古典造型三大类，如图 4-1 所示。

图 4-1　理性造型、感性造型和传统古典造型风格家具

第二节 家具造型设计的基本要素

一、形态

以点、线、面、体作为概念形态的基本形式。

1. 点

点是形态构成中最基本的构成单位。在家具造型设计中,点是有大小、方向甚至有体积、色彩、肌理、质感的,不论它是圆形、三角形、星形还是不规则形,只要它与对照物相比显得很小,在视觉与装饰上产生亮点、焦点、中心的效果,就可称为点。具有功能、装饰效果的点形式把手如图 4-2 所示。

2. 线

在几何学的定义里,线是点移动的轨迹。根据点的大小,线在面上就有宽度,在空间就有粗细。线的曲直运动和空间构成能表现出所有的家具造型形态,并表达出情感与美感、气势与力度、个性与风格。

线条构成的家具造型有三种:一是纯直线构成的家具;二是纯曲线构成的家具;三是直线与曲线结合构成的家具。线条决定着家具的造型,不同的线条构成了千变万化的造型式样和风格。线形家具如图 4-3 所示。

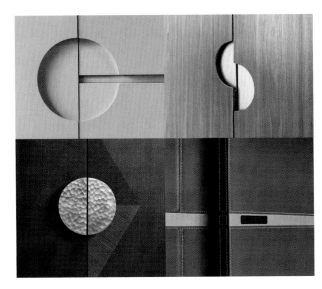

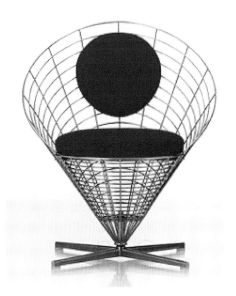

图 4-2 具有功能、装饰效果的点形式把手   图 4-3 线形家具

3. 面

面是点的扩大或集中,线的移动、加宽、交叉或包围而形成的,面具有二维空间(长度和宽度)的特点。面可分为平面与曲面,平面有垂直面、水平面与斜面;曲面有几何曲面与自由曲面。

面是家具造型设计中的重要构成因素之一,所有的人造板材都是面的形态,有了面,家具才具有实用的功能并构成形体。茶几如图4-4所示。

4. 体

在几何学里,体是面移动、旋转或包围的轨迹。在造型设计中,体是由面围合起来所构成的三维空间(长度、宽度及高度)。体有几何形体和非几何形体两大类。体的表现特征,主要是由各种面的形态感觉来决定的。

在家具形体造型中有实体和虚体之分,实体和虚体给人心理上的感受是不同的。体形态沙发如图4-5所示。

二、色彩

1. 色彩的分类

人们能辨别的颜色有很多,大致可分为两大类,一种是从光谱中反映出的红、橙、黄、绿、青、蓝、紫所组成的有色系统(有彩色),另一种是光谱中不存在的黑、灰、白的无色系统(无彩色)。

图 4-4　茶几

图 4-5　体形态沙发

2. 色彩三要素

按色彩的性质和特点,用色彩的三个要素来界定色彩,分别如下。

(1)色相:指各种色彩的相貌和名称,如红、黄、蓝、绿等都是不同的色相。色相主要是用来区分各种不同的色彩,一般用色环表示。

(2)明度:又称亮度、色度,指色彩的明暗或深浅程度。它有两种含义:一是指色彩加黑或加白之后产生的深浅变化,如红加黑后变暗、变浓,红加白后变明亮;二是指色彩本身的明度,如黄和白明度高,紫的明度则低(色暗淡)。

(3)纯度:又称彩度,指色彩的鲜明程度,即色彩中色素的饱和度的差别。原色和间色是标准纯色,色彩鲜明饱满,所以在纯度上又称"正色"或"饱和色"。如加入白色,纯度减弱("未饱和色")、明度增强,为"明调";如加入黑色,纯度仍减弱,但明度也减弱,为"暗调"。

3. 色彩在家具设计上的应用

(1)木材固有色:木材作为一种天然材料,它的固有色成为体现天然材质肌理的最好媒介。

(2)家具表面油漆色:家具表面大多需要涂油漆,一方面是保护家具免受大气光照影响,延长其使用寿命,另一方面家具上油漆的色彩起着美化装饰的作用。

(3)人造板贴面装饰色:人造板材在现代家具的制造中大量使用,因此,人造板材的贴面色彩成为现代家具中的重要装饰色彩。

(4)金属、塑料、玻璃的现代工业色,如图 4-6 所示。

(5)软体家具的皮革、布艺色,如图 4-7 所示。

三、质感

家具的造型要使用各种各样的材料,每一种材料都有其特有的材质与触感,这一要素称为质感。在家具的造型设计中,质感的处理和运用也是很重要的手段之一。

质感有两种基本类型:一是触觉质感,在触摸时可以感觉出材质的粗细、疏密、软硬、轻重、凹凸、糙滑、冷暖等;二是视觉质感,用眼睛看到的暗淡与光亮、有光与无光、光滑与粗糙。所以,质感是人们触觉和视觉紧密交织在一起的感觉。不同质感的家具如图 4-8 所示。

图 4-6　现代工业色的家具　　　　图 4-7　皮革、布艺色的软体家具

图 4-8 　不同质感的家具

四、装饰

家具的装饰手法主要有以下三个方面。

1. 表面与面层的装饰

在家具设计中，合理利用涂饰与贴面的功能性装饰以及雕刻、压花、镶嵌、烙花、绘画、贴金等艺术性装饰手法，对家具用材的表面（面层）及其局部进行装饰处理，即为家具的面层装饰。比如对木材纹理结构的装饰利用，对薄木及其拼花图案的装饰利用，对各种纹样的装饰利用等。

2. 线形与线脚的装饰

在家具设计中，要善于用优美的线形或线脚对家具的整体结构或个别构件进行艺术加工，这也是家具装饰的主要手法。它既丰富了家具边缘轮廓线的韵味，又增加了家具艺术特征的感染力。总之，家具的线形或线脚的装饰处理必须层次分明、疏密适宜、繁简得体，有助于烘托家具的造型。

3. 五金配件的装饰

家具用的五金配件包括拉手、锁、合页、连接件、套脚、滚轮、插销等。尽管这些配件体量小，但却是家具使用中必不可少的装置，同时又起着重要的装饰作用。对其细微的设计，有时能起到画龙点睛的作用。

第三节　家具造型形式美法则

一、统一与变化

统一与变化是适用于各种艺术创作的一个普遍法则，同时也是自然界客观存在的一个普遍规律。统一与变化相结合，才能给人以美感。

统一与变化是矛盾的两个方面，它们既相互排斥又相互依存。统一是指在家具设计中整体

图 4-9　统一与变化

和谐、有条理,形成主要基调与风格。变化是在整体造型元素中寻找差异性,使家具造型更加生动、鲜明,富有趣味性。统一是前提,变化是在统一中求变化,如图 4-9 所示。

二、对称与平衡

对称与平衡是自然现象的美学原则。人体、动物、植物的形态,都呈现对称平衡的原则。家具的造型也必须遵循这一原则,以适应人们视觉、心理的需求。对称与平衡的形式美,通常是以等形、等量或等量、不等形的状态,依中轴或依支点出现的形式。对称具有端庄、严肃、稳定、统一的效果;平衡具有生动、活泼、变化的效果,如图 4-10 所示。

图 4-10　对称与平衡

三、比例与尺度

比例与尺度是与数学相关的构成物体完美和谐的数理美感的法则。所有造型艺术都有二维或三维的比例与尺度的度量,按度量的大小,构成物体的大小和美与不美的形状。所以,良好的比例与正确的尺度是家具造型形式完美和谐的基本条件。

1. 比例

家具各方向度量之间的关系及家具的局部与整体之间形式美的关系称为比例,如图 4-11 所示。

2. 尺度

尺度是指尺寸与度量的关系,在家具造型设计中,家具与人体尺度、家具与建筑空间尺度、家具整体与局部、家具部件与部件等所形成的特定的尺寸关系称为尺度,它与比例密不可分,如图 4-12 所示。

图 4-11　比例关系

图 4-12　尺度关系

四、节奏与韵律

节奏与韵律也是自然事物的自然现象和美的规律。如鹦鹉螺的渐变旋涡形、松子球的层层变化、鲜花的花瓣、树木的年轮、芭蕉叶的叶脉、水波的波纹等，都蕴藏着节奏与韵律的美。节奏与韵律，是人们在艺术创作实践中广泛应用的形式美法则。和声、节奏与旋律一起构成音乐的三大要素，同样，节奏与韵律也是构成家具造型的主要形式美法则。

韵律的形式有连续韵律、渐变韵律、起伏韵律和交错韵律。具有节奏和韵律的家具如图4-13所示。

五、模拟与仿生

现代家具造型设计在遵循人体工程学原则的前提下，运用模拟与仿生的手法，借助于自然界的某种形体或仿照动物、植物的某些特征，结合家具的具体造型与功能，创造性地设计与提炼，使家具造型样式体现出一定的情感与趣味，具有更加生动的形象与鲜明的个性，使人在观赏与使用中产生美好的联想与情感的共鸣。仿生家具如图4-14所示。

图 4-13　具有节奏和韵律的家具

图 4-14　仿生家具

第
五
章

家具材料与结构

第一节　家具的材料
第二节　常用家具结构
第三节　家具五金配件

第一节　家具的材料

一、木材

木材是一种材质优良、易于加工、外观优美的自然材料。家具用材对木材的要求为：木材质量适中，变形小，有足够的硬度，材色悦目，纹理美观，易于涂饰。

根据木材在家具上的不同运用，木材又可分为天然实木材料、木质人造板材料、曲木材料。木质家具如图5-1所示。

1. 天然实木材料

天然实木材料质量轻、强度高、易于加工，使用简单的工具或机械就可以进行锯、铣、刨、磨、钻等加工，它的电声传导性小，隔音和绝缘性能好，有冬暖夏凉的效果。实木材料天然的色泽和美丽的花纹是其他材料无法比拟的，它还具有明显的湿度调节功能。

2. 木质人造板材料

木质人造板材料是将原木或加工剩余物经过各种加工方法制成的木质材料。天然木材是一种自然资源，过度的开采是对环境的破坏，而木质人造板的出现，有效地提高了木材的使用率，并且具有幅面大、质地均匀、表面平整、易于加工、变形小、强度大等优点。目前木质人造板材料用于家具制作的常用种类有胶合板、刨花板、纤维板、细木工板、空心板、多层板、层积材和集成材等。木质人造板已逐渐替代原有的天然木材成为生产木质家具的重要原材料。木质人造板家具如图5-2所示。

图 5-1　木质家具

图 5-2　木质人造板家具

下面分别讲述各类木质人造板的特点和用途。

1）胶合板

胶合板是原木经旋切或刨切成单板,涂胶后按相邻层木纹方向相互垂直组坯胶合而成的三层或多层(奇数)人造板材。胶合板的特点是幅面大、表面平整、不易干裂、不易翘曲变形、密度小、强度高、加工简便。胶合板克服了天然木材各向异性的缺陷,提高了木材的使用率,适用于家具的大面积板状部件。

2）刨花板

刨花板是利用木材采伐和加工中的剩余物(板皮、截头、刨花、碎木片、锯屑等)、小径木与其他植物性材料加工成一定规格和形态的碎料或刨花,施加胶粘剂后,经铺装和热压而制成的人造板材。刨花板的特点是幅面大、表面平整、结构均匀、长宽同性、无生长缺陷、不需干燥、有一定强度,但刨花板不宜开榫、握钉力差、切削加工性能差、表面无木纹、甲醛释放量大。

3）纤维板

纤维板是以木材加工的剩余物或其他植物纤维为原料,经过削片、制浆、成型、干燥和热压而制成的人造板材,又称密度板。纤维板根据表观密度的不同,又可分为硬质高密度、中密度和软质三种,它具有质地坚硬、结构均匀、幅面大、不易胀缩和开裂、易于加工等特点。

4）细木工板

细木工板简称木工板,是用厚度相同的木条,同向平行排列拼合成芯板,并在其两面按对称性、奇数层以及相邻层纹理相互垂直的原则各胶贴一层或两层单板而制成的人造板材。细木工板的特点是幅面大、结构尺寸稳定、不易开裂变形、表面平整、板面纹理美观、无天然缺陷、横向强度高、握钉力高,是木材本色保持最好的优质板材。

5）空心板

空心板是由轻质芯层材料和覆面材料所组成的空心复合结构的人造板材。家具生产用的空心板的芯层材料多由周边木框和空芯填料组成，一般在板的两面胶贴薄板、纤维板、胶合板或塑料贴面板等。空心板的特点是质量轻、不易变形、尺寸稳定、表面平整、材色美观、有一定强度。

6）集成材

集成材是将木材纹理平行的实木板材或板条，在长度或宽度上分别接长或拼宽，胶合形成一定规格尺寸和形状的木质结构板材，又称胶合木。集成材的特点是具有木材的天然纹理、强度高、材质好、尺寸稳定、不易变形，是一种新型的功能性结构木质板材。

3. 曲木材料

木材弯曲又称曲木，曲木就是利用木材的可弯曲原理，把所要弯曲的实木或胶合板加热、加压，使其弯曲成形后而制成的一类家具材料。在家具生产中，制造各种曲形零部件的加工方式可分为锯制加工和弯曲加工。前者不仅降低了强度，且加工复杂、涂饰质量差、木材损耗大，所以弯曲加工在曲木材料的生产中被广泛使用。曲木家具如图5-3所示。

二、金属材料

金属是一种具有光泽、富有延展性、容易导电导热的物质。金属家具适应了工业化的标准批量生产，可塑性强、坚固耐用、光洁度高，迎合了现代的生活方式，成为推广最快的现代家具之一。金属材料包括铸铁、钢材、铝及铝合金、铜及铜合金等。金属家具如图5-4所示。

三、塑料

塑料是指以合成树脂或天然树脂为主要基料，与其他原料在一定条件下经混炼、塑化、成型，且在常温下保持产品形状不变的一类有机高分子材料。塑料制成的家具具有天然材料家具无法替代的优点，尤其是整体成型、自成一体、色彩丰富、防水防锈等优点。塑料家具如图5-5所示。

图 5-3　曲木家具

图 5-4 金属家具

目前用于家具制造的常用塑料品种有:聚氯乙烯(PVC)、丙烯酸树脂(亚克力)、强化玻璃纤维塑料(FRP)、丙烯腈-丁二烯-苯乙烯三元共聚物树脂(ABS)、聚氨酯泡沫塑料、聚乙烯(PE)、聚丙烯(PP)、聚酰胺(PA,尼龙)等。

四、竹藤材料

竹、藤等天然植物纤维材料很早以前就用于编织工艺家具上,编织是一项有悠久历史的传统手工艺。竹藤材料的特点有:质轻、坚韧、有弹性、易弯曲、表面光滑、可加工编织。因此,以竹藤材料制成的家具轻巧而又独具材料肌理和编织纹理的天然美,为其他材料家具所没有的特殊品质,返璞归真,受到很多人的喜爱,已成为绿色家具的典范。竹藤家具如图 5-6 所示。

图 5-5 塑料家具　　　　　　　　　　图 5-6 竹藤家具

图 5-7　玻璃家具　　　　　　　　　　　图 5-8　石材家具

五、玻璃

玻璃是一种晶莹剔透的人造材料,具有平滑、光洁、透明的独特材质美感。现代家具的一个流行趋势就是把木材、铝合金、不锈钢与玻璃相结合,极大地增强了家具的装饰观赏价值。现代家具正在向多种材质的组合的方向发展,在这方面,玻璃在家具中的使用起了主导性作用。玻璃家具如图 5-7 所示。

六、石材

石材是大自然鬼斧神工造化的具有不同天然色彩及石纹肌理的一种质地坚硬的天然材料,给人以高档、厚实、粗犷、自然、耐用的感觉。天然石材的种类很多,在家具中主要使用花岗岩和大理石两大类。人造大理石、人造花岗岩是近年来广泛应用于厨房、卫生间台板的一种人造石材。石材家具如图 5-8 所示。

第二节　常用家具结构

一、传统实木框式家具的结构

框式家具是指主要的家具部件由框架或木框嵌板结构所构成的家具,这类家具以实木为基材,常用的接合方式有榫接合、胶接合、木螺钉接合、连接件接合等,其中传统家具以榫接合为最主要的接合方式。

1. 家具的榫接合类型与技术要求

1) 榫接合的类型

榫接合是指由榫头嵌(插)入榫眼或榫槽所组成的接合,其各部位的名称如图 5-9 所示。

按不同的分类方式,榫可以分为不同的类型。

(1) 按榫头的形状来分,榫头可分为直角榫、燕尾榫、指榫、椭圆榫、圆榫和片榫,如图 5-10 所示。

(2) 按榫头的数目来分,榫头又可分为单榫、双榫、多榫,如图 5-11 所示。

(3) 按榫眼的深度来分,榫接合又可分为明榫接合与暗榫接合,如图 5-12 所示。

(4) 按榫头的切肩形式的不同,又可分为单肩榫、双肩榫、三肩榫、四肩榫、夹口榫、斜肩榫,如图 5-13 所示。

(5) 按榫头与工件是否分离,可分为整体榫与插入榫,如图 5-14 所示。

(6) 按榫眼侧开程度来分,依次分别有开口贯通榫、半开口贯通榫、半开口不贯通榫、闭口贯通榫、闭口不贯通榫,如图 5-15 所示。

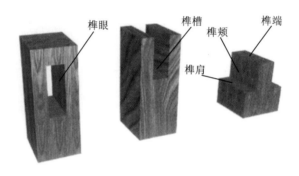

图 5-9　榫接合各部位的名称

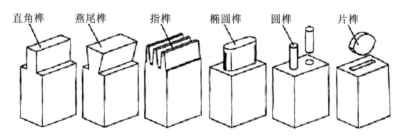

图 5-10　榫头的形状

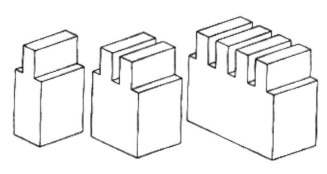

图 5-11　单榫、双榫、多榫

图 5-12　明榫接合与暗榫接合

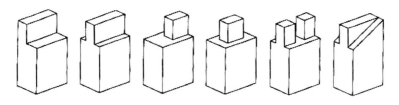

图 5-13　单肩榫、双肩榫、三肩榫、四肩榫、夹口榫、斜肩榫

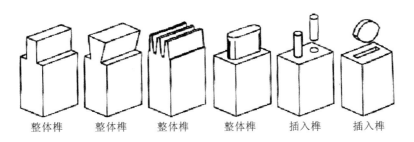

整体榫　　整体榫　　整体榫　　整体榫　　插入榫　　插入榫

图 5-14　整体榫与插入榫

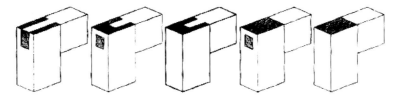

图 5-15　不同的榫眼侧开程度

2）榫接合的技术要求

（1）直角榫。

榫头的厚度：榫头的厚度视零件的尺寸而定，单榫的厚度接近于方材厚度或宽度的 2/5～
1/2，双榫或多榫的总厚度也接近此数值。

榫头的宽度：榫头的宽度视工件的大小和接合部位而定。

榫头的长度：榫头的长度根据榫接合的形式而定。

榫头、榫眼（孔）的加工角度：榫头与榫肩应垂直或略小于 90°，但不可大于 90°，否则会导致
接缝不严。

榫接合对木纹方向的要求：榫头的长度方向应顺纤维方向，横向易折断。榫眼开在纵向木
纹上，即弦切面或径切面上，开在端头易裂且接合强度小。

（2）圆榫。

选材：应选用密度大、无节无朽、无缺陷、纹理通直、具有中等硬度和韧性的木材。

含水率：圆榫的含水率应比家具用材低2%～3%。

直径、长度：圆榫的直径为板材厚度的2/5～1/2；圆榫的长度L为直径的3～4倍。

圆榫接合的配合要求：

圆榫配合孔深：垂直于板面的孔，其深度$h_1 = 0.75 \times$板厚或$\leqslant 15$ mm；垂直于板端的孔深$h_2 = L - h_1 + 0.5 \sim 1.5$，即孔深之和应大于圆榫长度0.5～1.5 mm。

涂胶方式：为了提高胶合强度，圆榫表面常压成有贮胶的沟纹。

2．木框结构

1）木框的框角接合方式

根据方材断面及所用部位的不同，可分为直角接合、斜角接合等形式。

（1）直角接合。

直角接合多采用整体榫，也有用圆榫接合。

直角接合的常见形式，如图5-16所示。

（2）斜角接合。

斜角接合可使不易装饰的方材的端部不外露，提高装饰质量，但接合强度较小，加工较复杂。它是将两根接合的方材端部榫肩切成45°的斜面后再进行接合。

斜角接合的常见形式，如图5-17所示。

2）木框中档接合

在木框的中档接合，包括各类框架的横档、立档，如椅子和桌子的牵脚档等。

木框中档接合的常见形式，如图5-18所示。

3）木框的嵌板结构

在安装木框的同时或在安装木框之后，将人造板或拼板嵌入木框中间，起封闭与隔离作用的这种结构称为木框嵌板结构。

3．拼板结构

用窄的实木板胶拼成所需要宽度的板材称为拼板。

1）拼板的接合方法

拼板的接合方法有平拼、企口拼、搭口拼、穿条拼、插入榫拼、螺钉拼等。

2）拼板的镶端结构

如果采用拼板结构，当板材含水率发生改变时，拼板的变形是不可避免的，为防止和减少拼板发生翘曲的现象，常采用镶端法加以控制。

3）接长

为了节约材料，不仅仅是宽度方向的拼板，长度方向上的胶接也越来越多地被应用，常用于餐台面等较长的家具上。常用的接长方式有对接、斜面接和指形接合等方法。

4）胶厚

对于断面尺寸大的部件和稳定性有特殊要求的部件，不仅在长度和宽度上胶接，还需要在厚度上胶合。厚度胶合主要采用平面胶合，各层拼板长度上的接头要错开。

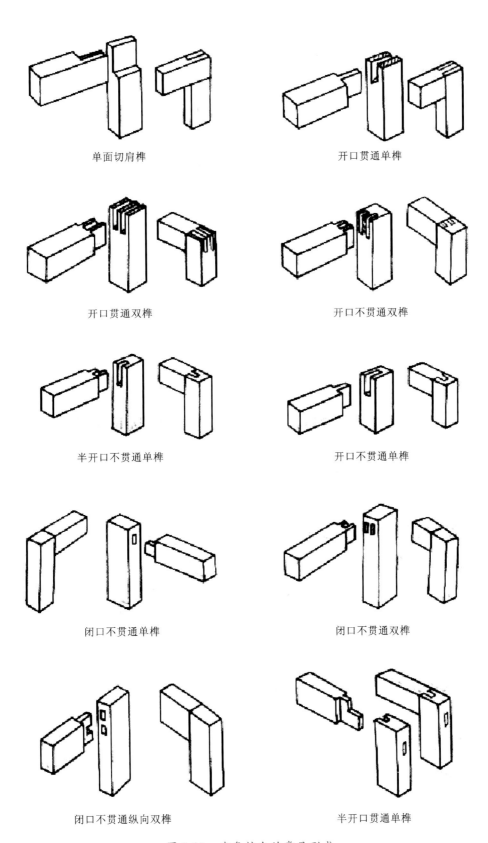

单面切肩榫 开口贯通单榫

开口贯通双榫 开口不贯通双榫

半开口不贯通单榫 开口不贯通单榫

闭口不贯通单榫 闭口不贯通双榫

闭口不贯通纵向双榫 半开口贯通单榫

图 5-16　直角接合的常见形式

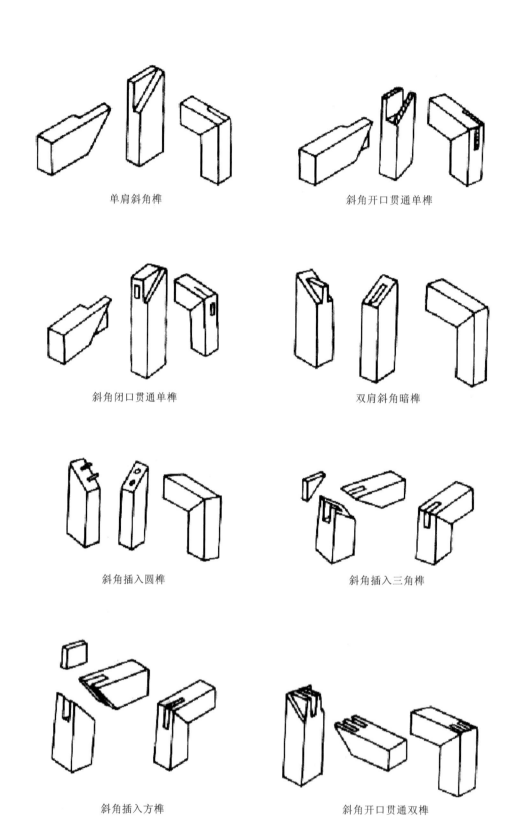

单肩斜角榫

斜角开口贯通单榫

斜角闭口贯通单榫

双肩斜角暗榫

斜角插入圆榫

斜角插入三角榫

斜角插入方榫

斜角开口贯通双榫

图 5-17　斜角接合的常见形式

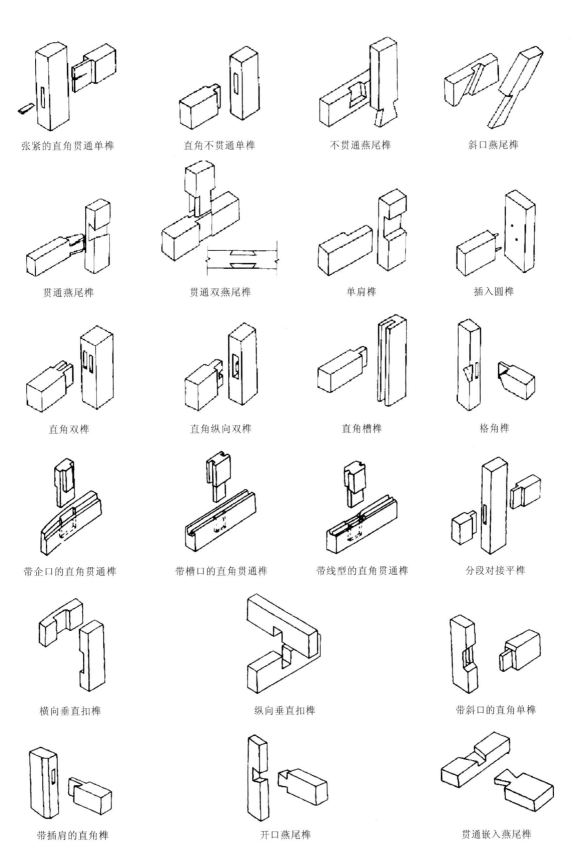

张紧的直角贯通单榫　　直角不贯通单榫　　不贯通燕尾榫　　斜口燕尾榫

贯通燕尾榫　　贯通双燕尾榫　　单肩榫　　插入圆榫

直角双榫　　直角纵向双榫　　直角槽榫　　格角榫

带企口的直角贯通榫　　带槽口的直角贯通榫　　带线型的直角贯通榫　　分段对接平榫

横向垂直扣榫　　纵向垂直扣榫　　带斜口的直角单榫

带插肩的直角榫　　开口燕尾榫　　贯通嵌入燕尾榫

图 5-18　木框中档接合的常见形式

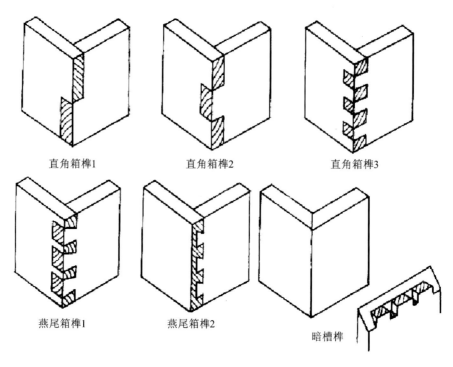

图 5-19　箱框结构

4. 箱框结构

箱框是由四块以上的板材构成的框体或箱体,如老式的衣箱、抽屉等。常用的接合方法有直角多榫接合、燕尾榫接合、直角槽榫接合、插入榫接合、钉接合以及金属连接件接合等方式,如图 5-19 所示。

二、板式家具的结构

1. "32 mm"系统板式家具结构设计

(1) "32 mm"系统的含义。

所谓"32 mm"系统是指以 32 mm 为模数、制有标准"接口"的一种新型家具结构形式与制造体系。

(2) "32 mm"系统的标准。

"32 mm"系统以旁板的设计为核心。旁板是家具中最主要的骨架部件,板式家具中尤其是柜类家具的各个零部件板,如顶板(面板)、底板、层板以及抽屉道轨都必须与旁板接合。

(3) 旁板的尺寸设计,如图 5-20 所示。

2. 典型"32 mm"系统家具设计

图 5-21 是以一橱柜为例,对"32 mm"系统家具的设计与结构细节再进一步进行分解,使大家对"32 mm"系统有一个较直观、全面、深入的认识。

(1) 产品外形设计。

(2) 结构设计。

(3) 板件设计。

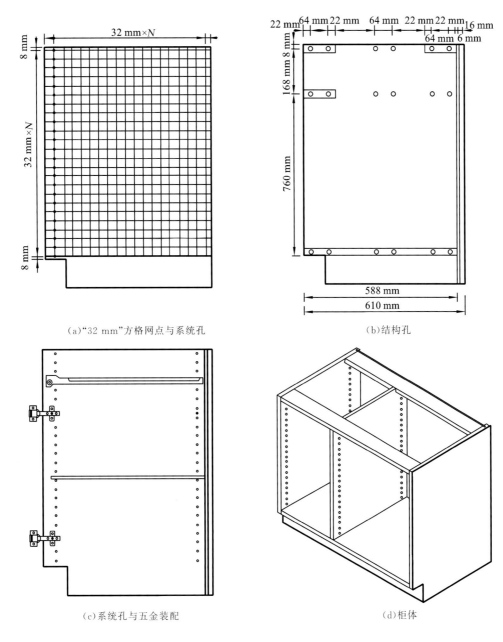

（a）"32 mm"方格网点与系统孔

（b）结构孔

（c）系统孔与五金装配

（d）柜体

图 5-20　旁板的尺寸设计

图 5-21　板式家具结构

第五章　家具材料与结构

三、金属家具的结构

1. 金属家具的结构特点及连接形式

1）结构特点

按结构特点的不同,金属家具可分为:固定式、拆装式、折叠式和插接式。

2）连接形式

金属家具的连接形式主要可分为:焊接、铆接、螺钉连接和销连接等。

2. 金属家具的折叠结构

金属家具的折叠结构包括折动式家具和叠积式家具,如图 5-22 所示。

四、软体家具的结构

与人体接触的坐、卧类家具部位由软体材料制成,或由软性材料饰面的家具称为软体家具。如常见的沙发、床垫等都属于软体家具。

1. 支架结构

一般来说,软体家具都有支架结构作为支承,支架结构有传统的木结构、钢结构、塑料成型支架及钢木结合结构。但也有不用支架的全软体家具。支架结构如图 5-23 所示。

2. 软体结构

1）薄型软体结构

薄型软体结构也称为半软体结构,如用藤面、绳面、布面、皮革面、塑料纺织面、棕绷面及人造革面等材料制成的产品,也有部分用薄层海绵制成。薄型软体结构家具如图 5-24 所示。

2）厚型软体结构

厚型软体结构可分为两种形式:一种是传统的弹簧结构,利用弹簧做软体材料,然后在弹簧上包覆棕丝、棉花、泡沫塑料、海绵等;另一种为现代沙发结构,也称为软垫结构。厚型软体结构家具如图 5-25 所示。

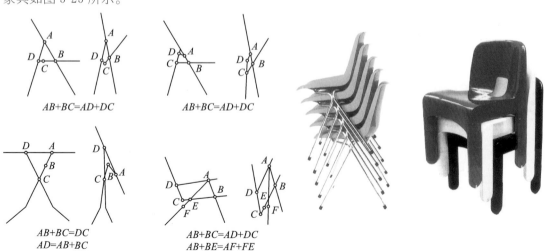

图 5-22　折动式家具和叠积式家具

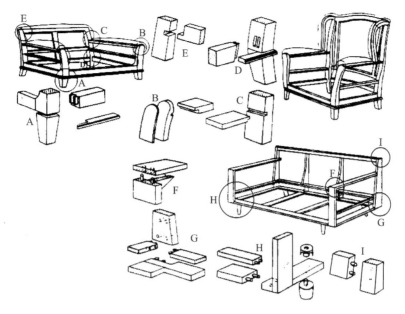

图 5-23 支架结构

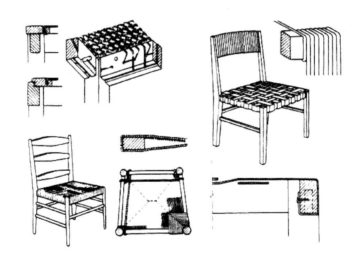

图 5-24 薄型软体结构家具

图 5-25 厚型软体结构家具

3. 充气家具

充气家具有独特的结构形式,其主要的构件是由各种气囊组成,并以其表面来承受重量。气囊主要由橡胶布或塑料薄膜制成。其主要特点是可自行充气组成各种家具,携带或存放方便,但单体的高度因要保持其稳定性而受到限制。充气家具如图 5-26 所示。

五、竹藤家具的结构

1. 竹藤家具的构造

(1) 骨架:竹藤家具的骨架可以采用竹竿、粗藤条或木质骨架制作。

竹藤家具的骨架构成如图 5-27 所示。

图 5-26　充气家具

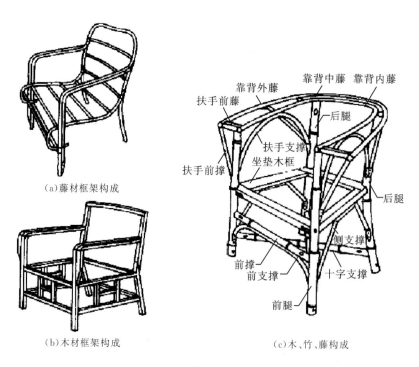

(a)藤材框架构成

(b)木材框架构成

(c)木、竹、藤构成

图 5-27　竹藤家具的骨架构成

(2)面层:竹藤家具的面层一般采用竹篾、竹片、藤条、芯藤、皮藤编织而成。

2．骨架的接合方法

(1)弯接法:一般采用锯口弯曲的方法,将竹材锯口后弯曲与另一竹材相接。

(2)缠接法:先在被连接的竹材上钉孔,再用藤条进行缠绕。

(3)插接法:用于竹竿之间的接合,在较大的竹管上开孔,然后将较小的竹管插入,并用竹钉锁牢。

3．竹藤编织的方法

(1)单独编织法:用藤条编织成结扣和单独的图案。

(2)连续编织法:是一种用四方连续构图编织的方法。采用皮藤、竹篾等扁平材料编织称为扁平编织,采用圆形材料编织称为圆材编织。

(3)图案纹样编织法:用圆形材料编织成各种形状和图案,安装于家具的框架上,可起装饰作用及对受力构件的辅助支承作用。

第三节　家具五金配件

一、连接件

连接件是现代拆装家具中零部件结构的主要接合配件。零部件组装化生产已成为家具工业化生产的大趋势,具有可拆装结构的连接件因而得到广泛应用,成为各类五金配件中应用最为广泛的一种。

常用的连接件有偏心式连接件、插接式连接件、角接连接件、四合一连接件、扣接连接件、螺栓连接件。其中,运用最为广泛的是偏心式连接件。

二、铰链

铰链是重要的功能五金之一。铰链的品种和规格很多,主要用于家具门的开启和关闭。常用的有合页(普通铰链)、杯状暗铰链、隐藏式铰链、玻璃门铰链、专用特种铰链等。其中,最为常用且技术难度最大的为杯状暗铰链。

三、滑道

滑道主要用于家具中抽屉的道轨及门滑道,此外还有电视柜、餐台面用的圆盘转动装置、卷帘门用的环型底路、铰链与滑道的联合装置(如电视柜内藏门机构)等。

四、锁

锁是用来锁住门与抽屉，根据锁用于部件的不同，可分为玻璃门锁、抽屉锁、移门锁等。

五、位置保持装置

位置保持装置主要用于活动部件的定位，如门用磁碰、翻门用吊杆等。

六、高度调整装置

高度调整装置主要用于家具的高度与水平的调校，如调高脚、T 形脚垫、脚垫片以及为办公家具特别设计的鸭嘴调节脚等。

七、支承件

支承件是主要用于支承家具的部件，如搁板销、床角件、挂衣棍和挂衣座等。

八、拉手

拉手主要是门或抽屉开启和关闭时作执手用的配件，属于装饰类五金配件，其形式和品种繁多，如金属拉手、大理石拉手、塑料拉手、实木拉手、瓷器拉手等，还有专门用于趟门的趟门拉手(挖手)。

九、脚轮

脚轮常装于柜、桌的底部，以便移动家具。根据连接方式的不同，可分为四方盘式、牙式、套筒式三种形式。

第 六 章

家具设计与人体工程学

第一节　概述

第二节　人体机能与家具设计的交互影响

第三节　坐卧类家具的功能设计

第四节　凭倚类家具的功能设计

第五节　储藏类家具的功能设计

第一节　概述

　　家具的服务对象是人，每一件设计与生产的家具都是供人使用的。因此，家具设计的首要因素是符合人的生理机能和满足人的心理情感需求。家具的功能设计是家具设计的主要设计要素之一。家具功能对家具的结构和造型起着主导和决定性的作用。不同的功能有其不同的造型，在满足人类多种需求的情况下，力求家具能够舒适方便、坚固耐用、易于清洁。家具功能决定着家具造型的基础形式，是家具设计的基础。家具设计的目的是更好地满足人们在家具功能使用上的要求，这就要求家具设计师必须了解人体与家具的关系，把人体工程学应用到现代家具设计中来。

一、人体工程学的定义

　　人体工程学又称人机工程学、人类工程学、人类工效学、人体工学、人间工学等，它是研究"人—机（物）—环境"三个要素之间的关系，使其符合人体的生理、心理及解剖学特性，从而改善工作与休闲环境，提高人的作业效能和舒适性，有利于人的身心健康和安全的一门边缘学科。在"人—机（物）—环境"三个要素中，"人"是指作业者或使用者，人的心理特征、生理特征及适应机器和环境的能力都是人体工程学重要的研究课题。"机"是指机器，比一般技术术语的意义要广，包括人操作和使用的一切产品和工程系统。怎样才能设计出满足人的要求、符合人的特点的产品，是人体工程学探讨的重要问题。"环境"是指人们工作和生活的环境，噪声、照明、温度等环境因素对人的工作和生活的影响是人体工程学研究的主要对象。

二、人体工程学在家具功能设计中的作用

1. 确定家具的最优尺寸

　　人体工程学的重要内容是人体测量，包括人体各部分的基本尺寸、人体肢体活动尺寸等，为家具设计提供精确的设计依据，科学地确定家具的最优尺寸，更好地满足人们对家具舒适、方便、健康、安全的要求。同时，也便于家具的批量化生产。

2. 为设计整体家具提供依据

　　设计整体家具要根据环境空间的大小、形状以及人的数量和活动性质来确定家具的数量和尺寸。家具设计师要通过人体工程学的知识，综合考虑人与家具及室内环境的关系并进行整体系统设计，这样才能充分发挥家具的总体使用效果。

第二节　人体机能与家具设计的交互影响

家具的服务对象是人,设计和生产的每一件家具都是供人使用的。因此,家具设计的首要因素是符合人的生理机能和满足人的心理情感需求。为了更好地满足人的需求,家具设计师必须了解人体与家具的关系。在家具设计的过程中,要以科学的观点来研究家具与人体的心理情感和生理机能的相互关系,在对人体的构造、尺度、体感、动作、心理等人体机能特征的充分理解和研究的基础上来进行家具系统化设计。

一、人体基本知识

家具设计首先要研究家具与人体的关系,要了解人体的构造及构成人体活动的主要组织系统,即人体生理机能特征的基础。人体是由骨骼系统、肌肉系统、消化系统、血液循环系统、呼吸系统、泌尿系统、生殖系统、内分泌系统、神经系统、感觉系统等组成的。这些系统互相配合、相互制约,共同维持着人的生命和完成人体的活动。在这些组织系统中,与家具设计有密切关联的是骨骼系统、肌肉系统、神经系统和感觉系统等。

1. 骨骼系统

骨骼是人体的支架,是家具设计测定人体比例、人体尺度的基本依据。骨骼中骨与骨的连接处为关节,人体通过不同类型和形状的关节进行着屈伸、内收外展、回旋等各种不同的动作和运动,由这些局部的动作组合而形成人体各种姿态。家具要适应人体活动及承托人体动作的姿态,就必须研究人体各种姿态下的骨关节转动与家具的关系。

2. 肌肉系统

肌肉可分为骨骼肌、心肌和平滑肌。骨骼和关节的运动都靠横纹肌随人的意志而活动,使人体在使用家具时保持一定的姿势。心肌和平滑肌的活动,虽然也受情绪的影响,但不受人的意志所控制。肌肉的收缩和舒展支配着骨骼和关节的运动。人体在保持一种姿态不变的情况下,肌肉会因长期的紧张状态而极易产生疲劳,人们需要经常变换活动的姿态,使各部分的肌肉收缩得以轮换休息。所以,设计供人们休息的家具,要以能够松弛肌肉、减少或消除肌肉的疲劳为主要功能。此外,肌肉的营养是靠血液循环来维持的,如果血液循环受到压迫而阻断,肌肉的活动也将产生障碍。因此,在家具设计中,特别是坐卧类家具,必须研究家具与人体肌肉承压面的关系。

3. 神经系统

人体各个器官系统的活动都是在神经系统的支配下,通过神经体液调节而实现的。神经系统的主要部分是脑和脊髓,它和人体各个部分有着紧密的联系,以反射为基本活动方式来实现人体的各种活动。

4. 感觉系统

激发神经系统起支配人体活动作用的机构是人的感觉系统。人们通过眼、耳、鼻、口舌、皮肤等感觉器官产生视觉、听觉、嗅觉、味觉、触觉等感觉系统所接收到的各种信息，刺激传达到大脑中枢而产生感觉意识，然后由大脑发出指令，由神经系统传递到肌肉系统，产生反射式的行为活动。如晚间睡眠在床上仰卧时间久后，肌肉受压通过触觉传递信息后做出反射性的行为活动——翻身侧卧。

二、人体基本动作

人体的动作形态是相当复杂而又千变万化的，坐、卧、立、蹲、跳、旋转、行走等动作都会显示出不同形态所具有的不同尺度和不同的空间需求。从家具设计的角度来看，合理地依据人体一定姿态下的肌肉、骨骼的结构来设计家具，能调整人的体力损耗，减少肌肉的疲劳，从而极大地提高动作效率。因此，在家具设计中，对人体动作形态的研究显得十分必要。与家具设计密切相关的人体动作形态主要有立、坐、卧。

1. 立

人体站立是一种最基本的自然姿态，由骨骼和无数关节支撑而成。当人直立进行各种活动时，由于人体的骨骼结构和肌肉运动处在变换和调节状态中，所以人们可以做较大幅度的活动和较长时间的工作。如果人体活动长期处于一种单一的行为和动作时，他的一部分关节和肌肉长期地处于紧张状态，就极易感到疲劳。人体在站立活动中，活动变化最少的应属腰椎及其附属的肌肉部分。因此，人的腰部最易感到疲劳，这就需要人们经常活动腰部和改变站姿。

2. 坐

人体的躯干结构可支撑身体上部重量和保护内脏不受压迫，当人站立过久时，就需要坐下来休息。当人坐下时，由于骨盆与脊椎的关系失去了原有直立姿态时的腿骨支撑关系，人体的躯干结构就不能保持原有的平衡姿势。因此，就需要依靠适当的坐平面和靠背倾斜面，对人体加以支撑和保持躯干的平衡，使人体骨骼、肌肉在人坐下来时能获得合理的松弛状态。为此，人们设计了各类坐具以满足坐姿状态下的各种使用功能。另外，人们的活动和工作有相当大的部分是坐着进行的，因此，需要更多地研究人坐着活动时骨骼和肌肉的关系。

3. 卧

不管站立还是坐，人的脊椎骨骼和肌肉总是受到压迫和处于一定的收缩状态。人只有处于卧的姿态时才能使脊椎骨骼的受压状态得到真正的松弛，从而得到最好的休息。因此，从人体骨骼与肌肉结构的观点来看，卧不能看作站立姿态的横倒。当人处于立与卧的动作姿态时，其脊椎形态位置是完全不一样的，站立时基本上是自然"S"形，而仰卧时接近于直线形。因此，只有把卧作为特殊的动作形态来认识，才能真正理解卧的意义和掌握好卧具(床)的功能设计。

三、人体尺寸

人体尺寸是家具功能设计最基本的依据。人体尺寸可分为构造尺寸和功能尺寸。构造尺寸是指静态的人体尺寸，对与人体有直接关系的物体有较大影响，如家具、服装和设备等，构造尺寸主要为各种家具、设备提供数据。功能尺寸是指动态的人体尺寸,是人在进行某种功能活动时肢体所能达到的空间范围。对于大多数的设计,功能尺寸可能有更广泛的用途。在使用功能尺寸时强调的是在完成人体的活动时,人体各个部分是不可分的,不是独立工作,而是协调工作。要确定一件家具的尺寸是多少才最适宜于人们的使用,就要先了解人体各部位固有的构造尺寸,如身高、肩宽、臂长、腿长等,以及人体在使用家具时的功能尺寸,即立、坐、卧时的活动范围。人体尺寸与家具尺寸有着密切的关系。

四、家具功能与人体生理机能

在家具设计中对人体生理机能的研究可以使家具设计更具科学性。如何使家具的基本尺度适应人体静态或动态的各种姿势变化,是家具功能的研究重点。如休息、座谈、学习、娱乐、进餐、操作等姿势和活动都是靠人体的移动、站立、坐靠、躺卧等一系列的动作连续协同而完成的。由人体活动及相关的姿态,人们设计生产了相应的家具,根据家具与人和物之间的关系,可以将家具划分成三类。

1. 坐卧类(支承类)家具

与人体直接接触,支承人体活动的家具称为坐卧类家具(分为坐具类和卧具类),如椅、凳、沙发、床、榻等。其主要功能是适应人的工作或休息。

2. 凭倚类家具

与人体活动有着密切关系,起着辅助人体活动,供人凭倚或伏案工作并可储存或存放物品的家具称为凭倚类家具(如桌、几、案、柜台等),它虽不直接支承人体,但与人体构造尺寸和功能尺寸相关。其主要功能是满足和适应人在站、坐时所必需的辅助平面高度或兼作存放空间之用。

3. 储存类(储藏类)家具

与人体产生间接关系,起着储存或陈列各类物品的作用以及兼作分隔空间的家具称为储存类家具,如橱、柜、架、箱等。其主要功能是有利于各种物品的存放和存取时的方便。

这三大类家具基本上囊括了人们生活及从事各项活动所需的家具。家具设计是一种创造性活动,它必须依据人体尺度及使用要求,将技术与艺术诸要素加以完美结合。

第三节 坐卧类家具的功能设计

坐与卧是人们日常生活中最多的姿态,如工作、学习、用餐、休息等都是在坐卧状态下进行的。因此,椅、凳、沙发、床等坐卧类家具的作用就显得特别重要。

按照人们日常生活的行为,人体动作姿态可以归纳为从立姿到卧姿的八种不同姿势,如图

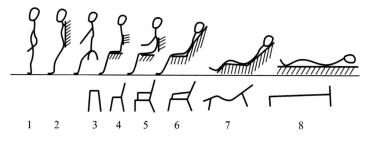

图 6-1　人体各种姿势与坐卧类家具类型

1—立姿；2—立姿并倚靠某一物体；3—坐凳状态,可供制图、读书等使用的小型椅子；

4—坐面、靠背支承着人体,可做一般性工作、用餐；5—较舒适的姿势,椅子有扶手,用于用餐、读书等；

6—很舒适的姿势,属沙发类的休息用椅；7—躺状休息用椅；8—完全休息状态时的床具

6-1所示。其中有三个基本形态是适用于工作的形态,另有三个基本形态是适用于休息的形态。

坐卧类家具的基本功能是使人们坐得舒服、睡得安宁、减少疲劳和提高工作效率。其中,最关键的是减少疲劳。如果在家具设计中,通过对人体的尺度、骨骼和肌肉关系的研究,使设计的家具在支承人体动作时,将人体的疲劳度降到最低状态,就能得到最舒服、最安宁的感觉,同时也可保持最高的工作效率。形成疲劳的原因很复杂,它主要来自肌肉和韧带的收缩运动,并产生巨大的拉力。肌肉和韧带处于长时间的收缩状态时,人体就需要给这部分肌肉供给养料,如供养不足,人体的部分机体就会感到疲劳。因此在设计坐卧类家具时,必须考虑人体生理特点,使筋骨、肌肉结构保持合理状态,血液循环与神经组织不过分受压,尽量减少和消除产生疲劳的各种因素。

图6-2所示为人体不同姿态与腰椎变化的关系。当人坐下来时,腰椎就很难保持原来的自然状态,而是随着不同的坐姿经常改变其曲度。图中姿势b是腰椎最接近站立时呈自然状态的腰椎曲线1。在设计椅子或沙发时,应当使靠背的形状和角度适应人坐姿时的腰椎曲线,接近于曲线2。姿势活动范围如图6-3所示。

一、坐具的基本尺度与要求

1. 工作用坐具

一般工作用坐具的主要品种有凳、靠背椅、扶手椅、圈椅等,它们既可用于工作,又利于休息。工作用椅可分为作业用椅、轻型作业椅、办公椅和会议椅等。

(1) 坐高(没有靠背)：坐高是指坐面与地面的垂直距离；椅坐面常向后倾斜或做成凹形曲面,通常以坐面前缘至地面的垂直距离作为坐高,如图6-4所示。

坐高是影响坐姿舒适程度的重要因素之一,坐面高度不合理会导致不正确的坐姿,并且坐的时间稍久,就会使人体腰部产生疲劳感。通过对人体坐在不同高度的凳子上其腰椎活动度的测定,从图6-5中可以看出凳高为40 cm时,腰椎的活动度最高,即疲劳感最强。这意味着凳子高于40 cm或低于40 cm都不会使腰部感到疲劳,舒适度也随之增大。在实际生活中人们喜欢坐矮板凳从事活动的道理就在于此,人们在酒吧坐高凳活动的道理也相同。

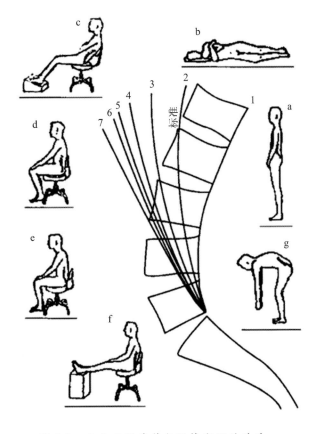

图 6-2　人体不同姿势与腰椎变化的关系

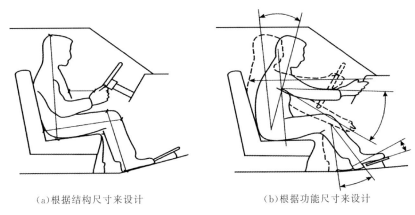

（a）根据结构尺寸来设计　　　（b）根据功能尺寸来设计

图 6-3　姿势活动范围

（a）坐面高度适中　　　（b）坐面高度过高　　　（c）坐面高度过低

图 6-4　家具局部坐面高度示意

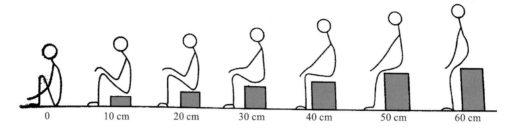

图 6-5　不同的坐板高度

对于有靠背的座椅,其坐高既不宜过高,也不宜过低,它与人体在坐面上的体压分布有关。不同高度的椅面,其体压分布情况有显著差异,坐感也不同,它是影响坐姿舒适度的重要因素。座椅面是人体坐时承受臀部和大腿的主要承受面,通过测试,不同高度的座椅面的体压分布如图 6-6 所示,可看出臀部的各部分分别承受着不同的压力。如果座椅面过高,两足不能落地,会使大腿前半部近膝窝处软组织受压,时间久了,血液循环不畅,肌腱就会发胀而麻木;如果座椅面过低,则大腿碰不到椅面,体压分布就过于集中,人体形成前屈姿态,从而增大了背部肌肉负荷,同时人体的重心也低,所形成的力矩也大,这样人体起立时会感到困难,如图 6-7 所示。因此,设计时应力求避免上述情况的出现,并寻求合理的坐高与体压分布。根据座椅的体压分布情况来分析,椅坐高应小于坐者小腿窝到地面垂直距离,使小腿有一定的活动余地。因此,适宜的坐高应当等于小腿窝高加 25～35 mm 鞋跟高后,再减 10～20 mm 为宜。

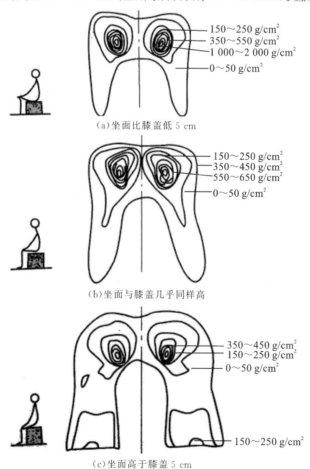

(a)坐面比膝盖低 5 cm

150～250 g/cm²
350～550 g/cm²
1 000～2 000 g/cm²
0～50 g/cm²

(b)坐面与膝盖几乎同样高

150～250 g/cm²
350～450 g/cm²
550～650 g/cm²
0～50 g/cm²

(c)坐面高于膝盖 5 cm

350～450 g/cm²
150～250 g/cm²
0～50 g/cm²

150～250 g/cm²

图 6-6　坐面体压分布与坐板高度关系

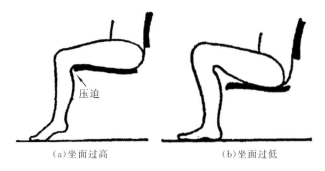

(a)坐面过高　　　　　　(b)坐面过低

图 6-7　坐面高度不适宜

（2）坐深：主要是指坐面的前沿至后沿的距离。它对人体舒适度的影响也很大，如果坐面过深，则会使腰部的支承点悬空，靠背将失去作用，同时膝窝处还会受到压迫而产生疲劳。同时，坐面过深，还会使膝窝处产生麻木的反应，并且难以起立，如图 6-8 和图 6-9 所示。因此，坐面深度要适度，通常坐深小于人坐姿时大腿水平长度，使坐面前沿离开小腿有一定的距离，以保证小腿的活动自由。我国人体的坐姿大腿水平长度平均为男性 445 mm、女性 425 mm，所以坐深可依此值减去座椅前缘到膝窝之间应保持的大约 60 mm 空隙来确定，一般来说选用 380～420 mm 的坐深是适宜的。对于普通工作椅，在正常就座情况下，由于腰椎到骨盆之间接近垂直状态，其坐深可以浅一点；而对于一些倾斜度较大、专供休息的靠椅，因坐时人体腰椎到骨盆也呈倾斜状态，所以坐面就要略加深，也可将坐面与靠背连成一个曲面。

（3）坐宽：根据人的坐姿及活动，椅子的坐面往往呈前宽后窄，前沿宽度称坐前宽，后沿宽度称坐后宽。座椅的宽度应当能使臀部得到全部的支承，并且有适当的活动余地，便于人能随时调整其坐姿。肩并肩坐的联排椅，宽度应能保证人的自由活动，因此，应比人的肘至肘宽稍大一些。一般靠背椅坐宽不小于 380 mm 就可以满足使用功能的需要；对扶手椅来说，以扶手内宽作为坐宽尺寸，按人体平均肩宽尺寸加上适当余量，一般不小于 460 mm，其上限尺寸应兼顾功能和造型需要。如就餐用的椅子，因人在就餐时，活动量较大，则可适当宽些。坐宽也不宜过宽，以自然垂臂的舒适姿态肩宽为准，如图 6-10 所示。

（4）坐面曲度：人坐在椅、凳上时，坐面的曲度或形状也直接影响体压的分布，从而引起坐感的变异，如图 6-11 所示。从图 6-11 中可知，图 6-11(a) 的体压分布较好，图 6-11(b) 的体压分布欠佳，坐感不良。其原因是图 6-11(a) 的压力集中于坐骨支承点部分，大腿只受轻微的压力；而图 6-11(b) 则有相当大的压力要由腿部软组织来承受。所以，座椅也不宜过软，因为坐垫越

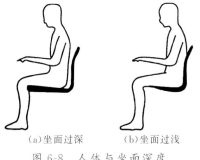

(a)坐面过深　　　　(b)坐面过浅

图 6-8　人体与坐面深度

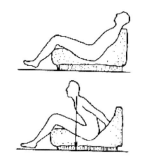

图 6-9　坐面深度不适宜

（a）适中　　　　　　　（b）坐面过窄　　　　　　（c）坐面过宽

图 6-10　扶手椅坐宽

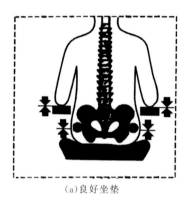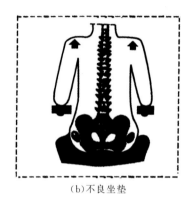

（a）良好坐垫　　　　　　　　　　　（b）不良坐垫

图 6-11　坐面曲度及压力分布的关系

软,臀部肌肉受压面积越大,从而导致坐感不舒服。因此,设计时应注意尽量使腿部的受压降低到最低限度。由于腿部软组织丰富,无合适的承力位置,不具备受压条件,故椅坐面宜多选用半软稍硬的材料,坐面前后也可略呈微曲形或平坦形,这有利于肌肉的松弛和便于起坐动作。

（5）坐面倾斜度:一般座椅的坐面是采用向后倾斜的,后倾角度以 3°～5° 为宜。但对工作用椅来说,水平坐面要比后倾斜坐面好一些。因为当人处于工作状态时,若坐面是后倾的,人体背部也相应向后倾斜,势必导致人体重心随背部的后倾而向后移动,这样一来,就不符合人体在工作时重心应落于原点趋前的原理。这时人在工作时为提高效率,就会尽量保持重心向前的姿势,致使肌肉与韧带呈现极度紧张的状态,不用多久,人的腰、腹、肩胛骨等处就开始感到疲劳,引起酸痛。因此,一般工作用椅的坐面以水平为宜,甚至也可考虑椅面向前倾斜,如通常使用的绘图凳面是前倾的。一般情况下,在一定范围内,后倾角越大,休息性越强,但这也不是没有限度的,尤其是对于老年人使用的椅子,倾角不能太大,因为会使老年人在起坐时感到吃力,如图6-12 所示。

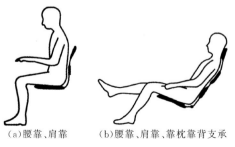

（a）腰靠、肩靠　　　　　　（b）腰靠、肩靠、靠枕靠背支承

图 6-12　坐面倾斜度

（6）椅靠背：人若笔直地坐着，躯干得不到支承，背部肌肉就会紧张，渐呈疲劳现象，因此，就需要用靠背来弥补这一缺陷。椅靠背的作用就是要使躯干得到充分的支承，通常靠背略向后倾斜，能使人体腰椎获得舒适的支承面。同时，靠背的基部最好有一段空隙，利于人坐下时，臀肌不至于受到挤压。在靠背高度上有肩靠、腰靠和颈靠三个关键支承点。肩靠应低于肩胛骨（相当于第 9 胸椎，高约 460 mm），以肩胛的内角碰不到椅背为宜。腰靠应低于腰椎上沿，支承点位置以位于上腰凹部（第 2 至 4 腰椎处，高为 180～250 mm）最为合适。颈靠应高于颈椎点，一般应不小于 660 mm，如图 6-13 至图 6-17 所示。

2. 休息用坐具

休息用坐具的主要品种有躺椅、沙发、摇椅等。它们的主要用途就是让人得到充分的休息，也就是说它们的使用功能是把人体疲劳状态减至最低程度，使人获得满意的舒适效果。因此，要精心考虑休息用椅的尺度、角度、靠背支承点、材料的弹性等的设计。

（1）坐高与坐宽：通常认为座椅前缘的高度应略小于膝窝到脚跟的垂直距离。据测量，我国人体膝窝到脚跟的垂直距离的平均值男性为 410 mm，女性为 360～380 mm。因此，休息用椅的坐高取 330～380 mm 较为合适（不包括材料的弹性余量）。若采用较厚的软质材料，应以弹性下沉的极限作为尺度准则。坐面宽也以女性为主，一般为 430～450 mm。

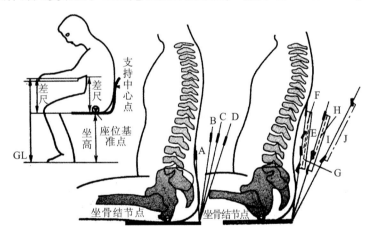

图 6-13 良好的背部支承

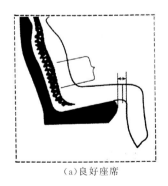 

（a）良好座席   （b）不良座席

图 6-14 腰靠对腰椎曲线的影响

家具设计（第二版）

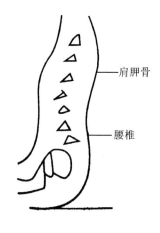

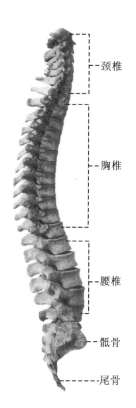

图 6-15　椅子靠背的两个支承点的位置及脊椎解析图

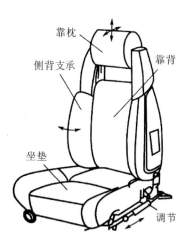

图 6-16　轿车座椅靠垫

图 6-17　具有靠枕的老板椅

（2）坐倾角与椅夹角：坐面的后倾角以及坐面与靠背之间的夹角（椅夹角或靠背夹角）是设计休息用椅的关键，由于坐面向后倾斜一定的角度，促使身体向后倾，有利于人体重量分移至靠背的下半部与臀部坐骨结节点，从而把体重全部抵消。而且，随着人体不同休息姿势的改变，坐面后倾角与靠背的夹角还有一定的关联性，靠背夹角越大，坐面后倾角也就越大，如图 6-18 所示。通常认为沙发类坐具的坐倾角以 4°～7°为宜，靠背夹角（斜度）以 106°～112°为宜；躺椅的坐倾角以 6°～15°为宜，靠背夹角以 112°～120°为宜。随着坐面与靠背夹角的增大，靠背的支承点就必须增加到 2～3 个，即第 2 与第 9 胸椎两处，高背休息椅和躺椅还须增高至头部的颈椎，其中以腰椎的支承最重要，如图 6-19 所示。

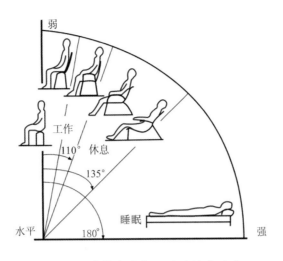

图 6-18　座椅角度与不同的休息姿态

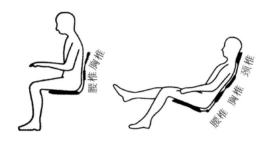

图 6-19　椅夹角与支承点

（3）坐深：休息用椅由于多采用软垫,坐面和靠背均有一定程度的沉陷,故坐深可适当放大。轻便沙发的坐深范围可为 480～500 mm,中型沙发的坐深范围为 500～530 mm,至于大型沙发可视室内环境适当放大。如果坐面过深,人的腰部接触不到靠背,上身被迫向前弯曲,造成腹部受挤压,支承的部位不是腰椎而是肩胛骨,会使人感到不适和疲劳。

（4）椅曲线：椅曲线是椅坐面、靠背面与人体处于坐姿时相应的支承曲面,如图 6-20 所示。它建立在坐面体压分布合理的基础上,通过这样的整体曲面来完成支承人体各部位的任务,并将使用功能与造型美很好地结合在一起,唤起一种美与力的意象。按照人体坐姿舒适的曲线来合理确定和设计休息用椅及其椅曲线,可以使腰部得到充分的支承,同时也减轻了肩胛骨的受压。但要注意,托腰(腰靠)部的接触面宜宽不宜窄,托腰的高度以 185～250 mm 较合适。靠背位于腰靠(及肩靠)的水平横断面略带微曲形较好,一般肩靠处曲率半径为 400～500 mm,腰靠处曲率半径为 300 mm,过于弯曲会使人感到不舒适,易产生疲劳感,如图 6-21 所示。靠背宽一般为 350～480 mm。

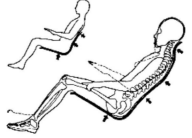

图 6-20　椅曲线与人体

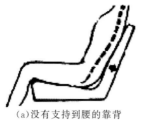 

(a)没有支持到腰的靠背　　　　(b)过于弯曲的靠背

图 6-21　椅曲线过度弯曲

(5) 弹性：休息用椅软垫的用材及其弹性的配合也是一个不可忽视的问题。弹性是人对材料坐压的软硬程度或材料被人坐压时的返回度。休息椅用软垫材料可以增加舒适感，但软硬应适当。一般来说，小沙发的坐面下沉以 70 mm 左右合适，大沙发的坐面下沉应在 80～120 mm 合适。坐面过软，下沉度太大，会使坐面与靠背之间的夹角变小，腹部受压迫，使人感到不适，起坐时也会感到困难。因此，休息用椅软垫的弹性要适度为好。为了获得合理的体压分布，有利于肌肉的松弛和起坐方便，靠背应该设计得比坐面软一些。在靠背的做法上，腰部宜硬点，而背部则要软些。设计时应该以弹性体下沉后的安定姿势为尺度计核依据。通常靠背的上部弹性压缩应在 30～45 mm，托腰部的弹性压缩宜小于 35 mm。休息椅的坐面与靠背也可采用藤皮、革带、织带等材料来编织，使其具有一定舒适度的弹性。

(6) 扶手：休息用椅常设扶手，可减轻两肩、背部和上肢肌肉的疲劳，获得舒适的休息效果。但扶手高度必须合适，扶手过高或过低，肩部都不能自然下垂，容易产生疲劳感。根据人体自然屈臂的肘高与坐面的距离，扶手的实际高度应以 200～250 mm（设计时应减去坐面下沉度）为宜。两臂自然屈伸的扶手间距净宽应略大于肩宽，一般不小于 460 mm，以 520～560 mm 为宜，过宽或过窄都会增加肌肉的活动度，产生肩酸疲劳的现象，如图 6-22 所示。扶手也可随坐面与靠背的夹角变化而略有倾斜，有助于提高舒适效果，通常角度可取 10°～20°。扶手外展以小于10°的范围为宜。扶手的弹性处理不宜过软，因为在人起立时，还可起到助立作用。但在设计时要注意扶手的触感效果，不宜采用导热性强的金属材料等，还要尽量避免棱角部分。

图 6-23 至图 6-27 是各种座椅的基本尺寸。

图 6-22　扶手间距不适

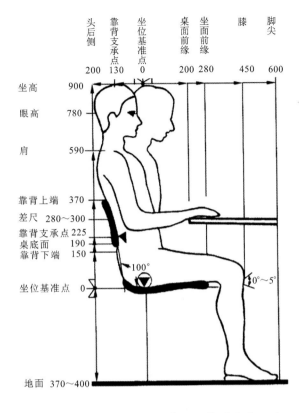

图 6-23 作业用椅的基本尺度

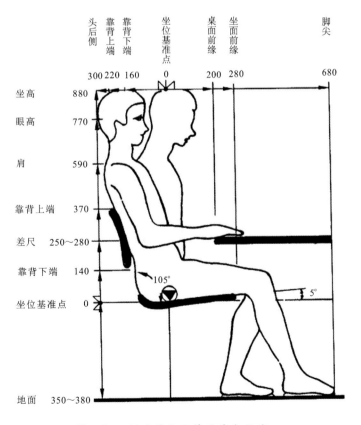

图 6-24 轻度作业用椅的基本尺度

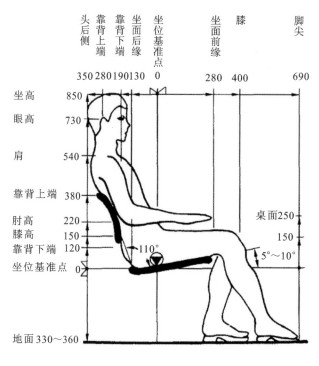

图 6-25　一般休息用椅的基本尺度

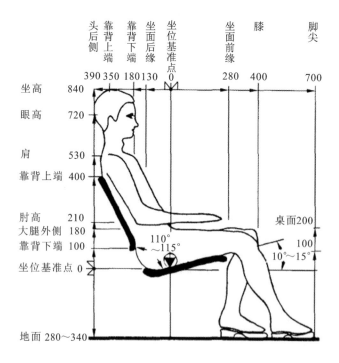

图 6-26　休息用椅的基本尺度

3. 坐具的主要尺寸

坐具的主要尺寸包括坐高、坐面宽、坐前宽、坐深、扶手高、扶手内宽、背长、坐斜度、背斜角等，以及为满足使用要求所涉及的一些内部分隔尺寸，这些尺寸在相应的国家标准中已有规定。本节除列有规定尺寸外，也提供了一些参考尺寸，供设计时参考。

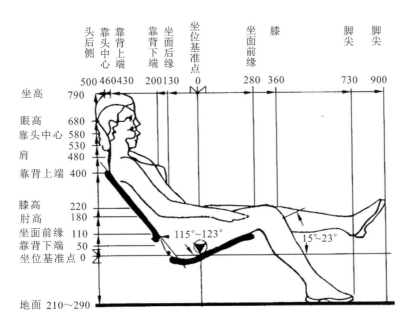

图 6-27　有靠头和足凳的休息用椅的基本尺度

坐高与桌面高的配置尺寸如图 6-28、表 6-1 所示。

桌子适宜高度示意图如图 6-29 所示。

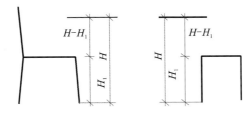

图 6-28　坐高与桌面高的配置尺寸标注

表 6-1　坐高与桌面高的配置尺寸 单位:mm

桌面高 H	坐高 H₁	桌椅(凳)高差 H－H₁	尺寸级差
680～760	400～440		
最大桌面高 780	软面最大坐高 460	280～320	10
(参考尺寸)	(含下沉量)		

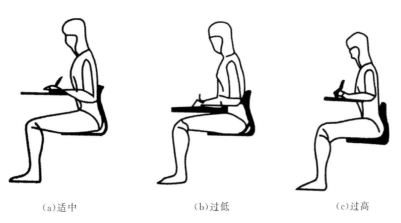

(a)适中　　　　(b)过低　　　　(c)过高

图 6-29　桌子适宜高度示意图

家具设计(第二版)

1）椅类家具主要尺寸

普通椅子基本尺寸如图 6-30 和表 6-2 所示。

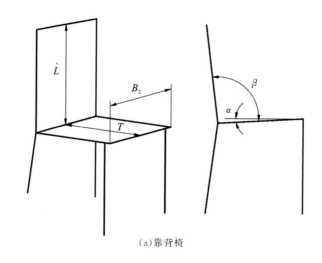

（a）靠背椅

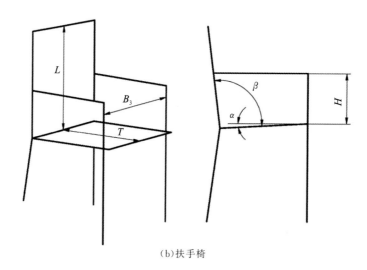

（b）扶手椅

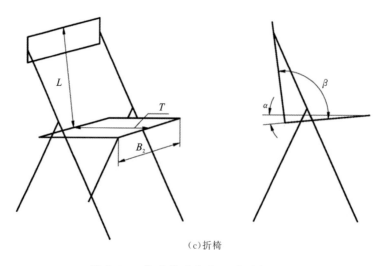

（c）折椅

图 6-30　普通椅子基本尺寸的标注

表 6-2　普通椅子的基本尺寸　　　　　　　　　　　　　　　　　单位:mm

椅子种类	坐深 T	背长 L	坐前宽 B_2	扶手内宽 B_3	扶手高 H	尺寸级差	背斜角 β	坐斜角 α
靠背椅	340~420	≥275	≥380	—	—	10	95°~100°	1°~4°
扶手椅	400~440	≥275	—	≥460	200~250	10	95°~100°	1°~4°
折椅	340~400	≥275	340~400	—	—	10	100°~110°	1°~4°

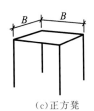

(a)长凳　　　　(b)长方凳　　　　(c)正方凳　　　　(d)圆凳

图 6-31　普通凳类基本尺寸的标注

表 6-3　普通凳类的基本尺寸　　　　　　　　　　　　　　　　　单位:mm

凳类	长 L	宽 B	深 T	直径 D	长度级差	宽度级差
长凳	900~1050	120~150	—	—	50	10
长方凳	—	≥320	≥240	—	10	10
正方凳	—	≥260	—	—	10	
圆凳	—	—	—	≥260	10	

2）凳类家具主要尺寸

普通凳类基本尺寸如图 6-31 和表 6-3 所示。

3）沙发类家具主要尺寸

沙发类家具基本尺寸如图 6-32 和表 6-4 所示。

坐具类家具的基本尺寸标注如图 6-33 所示。

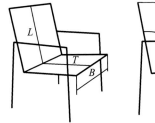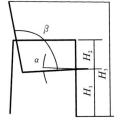

图 6-32　沙发类家具基本尺寸标注

表 6-4　沙发类家具的基本尺寸　　　　　　　　　　　　　　　　　单位:mm

沙发类	坐前宽 B	坐深 T	坐前高 H_1	扶手高 H_2	背高 H_3	背长 L	背斜角 β	坐斜角 α
单人沙发	≥480							
双人沙发	≥320	480~600	360~420	≤250	≥600	≥300	106°~112°	5°~7°
三人沙发	≥320							

图 6-33　坐具类家具的基本尺寸标注(单位:mm)

二、卧具的基本尺度与要求

卧具主要是床和床垫类家具的总称。卧具是供人睡眠休息的,使人躺在床及床垫上能舒适地尽快入睡,消除疲劳,恢复精力和体力。所以,床及床垫的使用功能必须考虑床与人体的关系,着眼于床的尺度与床面(床垫)弹性结构的综合设计。

1. 睡眠的生理

睡眠是每个人每天都要进行的一种生理过程。每个人的一生大约有 1/3 的时间在睡眠,而睡眠又是使人能更好地、精力充沛地去进行各种活动的基本休息方式,因而与睡眠直接相关的卧具(主要是指床)的设计,就显得非常重要。睡眠的生理机制十分复杂,至今科学家也没有完全解开其中的秘密,只是对它有一些初步的了解。一般可以简单地认为,睡眠是人的中枢神经系统兴奋与抑制的调节产生的现象,在白天的日常活动中,人的神经系统总是处于兴奋状态,到了夜晚,为了使人的机体获得休息,中枢神经通过抑制神经系统的兴奋性使人进入睡眠。休息的好坏取决于神经抑制的深度,也就是睡眠的深度。通过测量发现,人的睡眠深度不是始终如一的,而是在进行周期性变化的。

睡眠质量的客观指征主要是睡眠深度。对睡眠的研究发现,人在睡眠时身体也不断地运动,经常翻转,采取不同的姿势。而睡眠深度与活动的频率有直接关系,频率越高,睡眠深度越浅。

2. 床面(床垫)的材料

通常,人们偶尔在公园或车站的长凳或硬板上躺下休息后,起来会感到浑身不舒服,身上会因木板硌得生疼,因此,像座椅一样,床具常常需要在床面上加一层柔软的材料。这是因为,正常人在站立时,脊椎呈"S"形,后背及腰部的曲线也随之起伏;当人躺下后,重心位于腰部附近,

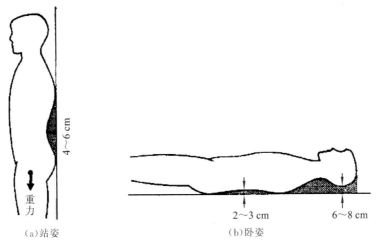

（a）站姿　　　　　　　　（b）卧姿

图 6-34　人体站姿和卧姿的身体形态区别

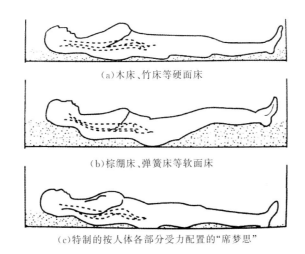

（a）木床、竹床等硬面床

（b）棕绷床、弹簧床等软面床

（c）特制的按人体各部分受力配置的"席梦思"

图 6-35　人处于卧姿时不同承载体对姿势的影响

如图 6-34 所示，此时，肌肉和韧带也改变了常态，而处于紧张的收缩状态，时间久了就会产生不舒适感。因此，床是否能消除人的疲劳，除了尺度是否合理之外，主要是取决于床或床垫的软硬度能否使人在卧姿时处于最佳状态，如图 6-35 所示。

床或床垫的软硬舒适程度与体压的分布有直接的关系，体压分布越均匀，人体感觉越舒适。体压是用不同的方法测量出的身体重量压力在床面上的分布情况。不同弹性的床面，其体压分布情况也有显著差别。床面过硬时，显示压力分布不均匀，集中在几个小区域，造成局部的血液循环不好，肌肉受力不适等，而较软的床面则能解决这些问题。但是如果床面太软，由于重力作用，腰部会下沉，造成腰椎曲线变直，背部和腰部肌肉受力，从而产生不适感觉，如图 6-36、图 6-37 所示，进而直接影响睡眠质量。因此，为了使人在睡眠时体压得到合理分布，必须精心设计好床面或床垫的弹性材料，要求床面材料应在提供足够柔软性的同时保持整体的刚性，这就需要采用多层的复杂结构。

床面或床垫通常是用不同材料搭配而成的三层结构，如图 6-38 所示，即与人体接触的面层采用柔软材料；中层则可采用硬一点的材料，有利于身体保持良好的姿态；最下一层是承受压力的部分，用稍软的弹性材料（弹簧）起缓冲作用。这种软中有硬的三层结构发挥了复合材料的振动特性，有助于人体保持自然和良好的仰卧姿态，使人得到舒适的休息。

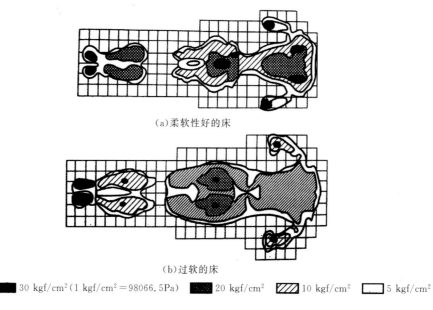

（a）柔软性好的床

（b）过软的床

■ 30 kgf/cm²(1 kgf/cm²＝98066.5Pa) ■ 20 kgf/cm² ▨ 10 kgf/cm² □ 5 kgf/cm²

图 6-36　人体在软硬不同床垫上的卧姿体压分布图

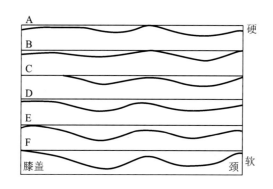

图 6-37　床面软硬引起腰背部形状的变化

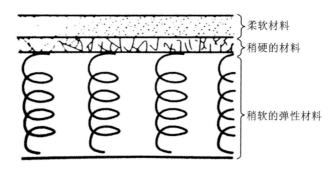

图 6-38　床垫的三层构造

3. 卧具的主要尺寸

卧具的主要尺寸包括床面长、床面宽、床面高或底层床面高、层间净高及为满足安全使用要求所涉及的一些栏板尺寸等。这些尺寸在相应的国家标准中已有规定。本节除列有规定尺寸外，还提供了一些参考尺寸，供读者设计时参考。

(1) 双人(单人)床基本尺寸如表 6-5 所示。

(2) 儿童床基本尺寸如表 6-6 所示。

表 6-5　双人(单人)床基本尺寸　　　　　　　　　　　　　　单位:mm

规格	床长	床宽	床高
大	2000(2000)	1500(1000)	480(480)
中	1920(1920)	1350(900)	440(440)
小	1850(1850)	1250(800)	420(420)

表 6-6　儿童床基本尺寸　　　　　　　　　　　　　　单位:mm

年龄段	床长	床宽	床面高	栏杆高	年龄段	床长	床宽	床面高	栏杆高
托儿所小班	900	550	600	1000	幼儿园小班	1200	600	220	400
托儿所中班	1050	550	400	900	幼儿园中班	1250	650	250	450
托儿所大班	1100	600	400	900	幼儿园大班	1350	700	300	500

第四节　凭倚类家具的功能设计

凭倚类家具是人们工作和生活所必需的辅助性家具。为适应各种不同的用途,出现了餐桌、写字桌、课桌、制图桌、梳妆台、茶几和炕桌等,另外,还有为站立活动而设置的售货柜台、账台、讲台、陈列台和各种工作台、操作台等。

凭倚类家具的基本功能是适应人在坐、立状态下,进行各种操作活动时,获得相应舒适而方便的辅助条件,并兼作放置或储存物品之用。因此,它与人体动作产生直接的尺度关系。

凭倚类家具主要分为两类:一类是以人坐下时的坐骨支承点(通常称坐高)作为尺度的基准,如写字桌、阅览桌、餐桌等,统称为坐式用桌;另一类是以人站立的脚后跟(即地面)作为尺度的基准,如讲台、营业台、售货柜台等,统称站立用桌。

一、坐式用桌的基本尺度与要求

1. 桌面高度

桌面的高度与人体动作时肌肉形状及疲劳有密切的关系。桌子过高容易造成脊椎侧弯和眼睛近视等,从而使工作效率降低;桌子过高还会引起耸肩和肘低于桌面等不正确的姿势,从而引起肌肉紧张、疲劳。桌子过低会使人体脊椎弯曲过大,易使人驼背、腹部受压,妨碍呼吸运动和血液循环等,背肌的紧张也易引起疲劳。因此,舒适和正确的桌高应该与椅坐高保持一定的尺度配合关系,而这种高差始终是按人体坐高的比例核计的。所以,设计合理桌高的公式为:

桌高＝坐高＋桌椅高差(约 1/3 坐高)

由于桌子不可能定人定型生产,因此在实际设计桌面高度时,要根据不同的使用特点酌情增减。如设计中餐桌时,要考虑端碗吃饭的进餐方式,餐桌可略高一点;若设计西餐桌时,就要讲究用刀叉的进餐方式,餐桌就可低一点。如果是设计适于盘腿而坐的炕桌,一般多采用 320

～350 mm 的高度;若设计与沙发等休息椅配套的茶几,可取略低于椅扶手高的尺度。倘若因工作内容、性质或设备的限制必须使桌面增高,则可以通过加高座椅并设足垫来弥补这个缺陷,使得足垫与桌面之间的距离和座椅与桌面之间的高差可保持正常高度。桌高范围为 680～760 mm。

2. 桌面尺寸

桌面尺寸应以人坐时手可达到的水平工作范围为基本依据,并考虑桌面可能放置物品的性质及其尺寸大小。如果是多功能桌或工作时尚需配备其他物品时,则还应在桌面上加设附加装置。双人并排或双人对坐形式的桌子,桌面尺寸应考虑双人的动作幅度互不影响(一般可用屏风隔开),对坐时还要考虑适当加宽桌面,以符合两人对话时的卫生要求等。总之,要依据手的水平与竖向的活动幅度来考虑桌面尺寸,如图 6-39 所示。

至于阅览桌、课桌等类似用途的桌面,最好有约 15°的斜坡,能使人获取舒适的视域。因为当视线向下倾斜 60°时,视线与倾斜桌面接近 90°,文字在视网膜上的清晰度就高,既便于书写,又可使背部保持较为舒适的姿势,减少了弯腰与低头的动作,从而减轻了背部的肌肉紧张和酸痛现象。但在倾斜的桌面上,往往不宜陈放东西,所以不常采用。倾斜式绘图工作台如图 6-40 所示。

对于餐桌、会议桌之类的家具,应以人体占用桌边缘的宽度去考虑桌面尺寸,舒适的宽度为600～700 mm,通常也可缩减为 550～580 mm。各类多人用桌的桌面尺寸就是按此标准核计的。

3. 桌下净空

为保证下肢能在桌下放置与活动,桌面下的净空高度应高于双腿交叉时的膝高,并使膝部有一定的上下活动余地。所以抽屉底板不能太低,桌面至抽屉底的距离应不超过桌椅高差的一半,即 120～160 mm。因此,桌子抽屉的下缘离开座椅至少应有 178 mm 的净空,净空的宽度和深度应保证两腿的自由活动和伸展。如图 6-41 所示为桌下没有活动空间。

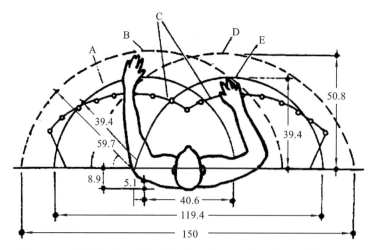

图 6-39 手的水平活动幅度与桌面宽深尺寸示意图(单位:cm)

A—左手通常作业域 B—左手最大作业域 C—双手联合通常作业域

D—右手最大作业域 E—右手通常作业域

图 6-40　倾斜式绘图工作台

图 6-41　桌下没有活动空间

4. 桌面色泽

在人的静视野范围内,桌面色泽处理的好坏,会使人的心理、生理感受产生很大的差异,也对工作效率产生一定影响。通常认为桌面不宜采用鲜明色,因为色调鲜明,不易使人集中视力。同时,鲜明色调往往随照明程度的亮暗而有高低变化。当光照强时,色明度将增加,这样极易使视觉过早疲劳。而且,过于光亮的桌面,由于多种反射角度的影响,极易产生眩光,刺激眼睛,影响视力。此外,桌面经常与手接触,若采用导热性强的材料做桌面,易使人感到不适,如玻璃、金属材料等。

二、站立用桌的基本尺度与要求

站立用桌或工作台主要包括售货柜台、营业柜台、讲台、服务台、陈列台、厨房清洗台以及其他各种工作台等,如图 6-42 所示。

(1) 台面高度:站立用工作台的高度,是根据人站立时自然屈臂的肘高来确定的。按我国人体的平均身高,工作台高以 910～965 mm 为宜;对于重负荷作业的工作而言,则台面可稍降低 20～50 mm。

(2) 台下净空:站立用工作台的下部不需要留有腿部活动的空间,通常作为收藏物品的柜体来处理。但在底部需有置足的凹进空间,一般内凹高度为 80 mm、深度为 50～100 mm,以适应人紧靠工作台时着力动作之需,否则,难以借助双臂之力进行操作。

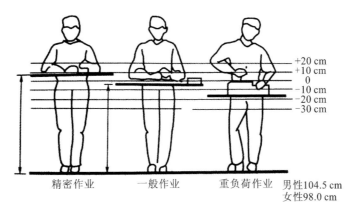

图 6-42　站姿工作面高度与作业性质的关系

（3）台面尺寸:站立用工作台的台面尺寸主要由所需的表面尺寸和表面放置物品状况及室内空间和布置形式而定,没有统一的规定,视不同的使用功能做专门设计。至于营业柜台的设计,通常是兼写字台和工作台两者的基本要求进行综合设计的。

三、凭倚类家具的主要尺寸

桌台、几案等凭倚类家具的主要尺寸包括桌面高、桌面宽、桌面直径、桌面深、中间净空宽、侧柜抽屉内宽、柜脚净空高、镜子下沿离地面高、镜子上沿离地面高,以及为满足使用要求所涉及的一些内部分隔尺寸,这些尺寸在相应的国家标准中已有规定。本节除列有规定尺寸外,还提供了一些参考尺寸,供读者设计时参考。

（1）带柜桌及单层桌:单柜桌(或写字台)、双柜桌和单层桌的基本尺寸如图 6-43 至图 6-45 和表 6-7 所示。

（2）餐桌:长方餐桌和方(圆)桌的基本尺寸如图 6-46、图 6-47 和表 6-8 所示。

（3）梳妆桌:梳妆桌的基本尺寸如图 6-48 和表 6-9 所示。

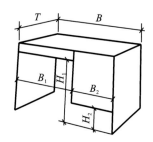

图 6-43　单柜桌基本尺寸标注

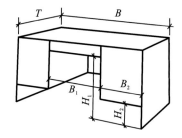

图 6-44　双柜桌基本尺寸标注

图 6-45　单层桌基本尺寸标注

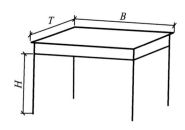

图 6-46　长方餐桌基本尺寸标注

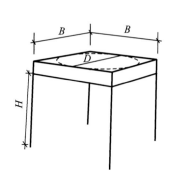

图 6-47　方(圆)桌基本尺寸标注

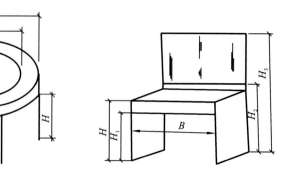

图 6-48　梳妆桌基本尺寸标注

表 6-7　带柜桌及单层桌的基本尺寸　　　　　　　　　　　　　　　　　单位:mm

桌子种类	宽度 B	深度 T	中间净空高 H_1	柜脚净空高 H_2	中间净空宽 B_1	侧柜抽屉内宽 B_2	宽度级差 ΔB	深度级差 ΔT
单柜桌	900～1500	500～750	≥580	≥100	≥520	≥230	100	50
双柜桌	1200～2400	600～1200	≥580	≥100	≥520	≥230	100	50
单层桌	900～1200	450～600	≥580	—	—	—	100	50

表 6-8　餐桌的基本尺寸　　　　　　　　　　　　　　　　　单位:mm

桌子种类	宽度 B/边长 B(或直径 D)	深度 T	中间净空高 H	直径差 $(D-d)/2$	宽度级差 ΔB	深度级差 ΔT
长方餐桌	900～1800	450～1200	≥580	—	100	50
方桌	600,700,750,800,850,900,1000,1200,1350,1500,1800(其中方桌边长≤1000,圆桌直径≥700)	—	≥580	—	—	—
圆桌		—	≥580	≥350	—	—

表 6-9　梳妆桌的基本尺寸　　　　　　　　　　　　　　　　　单位:mm

桌子种类	桌面高 H	中间净空高 H_1	中间净空宽 B	镜子上沿离地面高 H_3	镜子下沿离地面高 H_2
梳妆桌	≤740	≥580	≥500	≥1600	≤1000

第五节　储藏类家具的功能设计

储藏类家具又称储存类或储存性家具,是用于收藏、整理日常生活中的器具、衣物、消费品、书籍等的家具。根据存放物品的不同,可分为柜类和架类两种不同储存方式。柜类主要有大衣柜、小衣柜、壁橱、被褥柜、床头柜、书柜、玻璃柜、酒柜、菜柜、橱柜、物品柜、陈列柜、货柜、工具柜及各种组合柜等;架类主要有书架、餐具食品架、陈列架、装饰架、衣帽架、屏风和屏架等。

储藏类家具的功能设计必须考虑人与物两方面的关系:一方面要求储存空间划分合理,方便人们存取,减少存取过程中人体疲劳;另一方面又要求家具储存方式合理,储存数量充分,满足存放条件。

1. 储藏类家具与人体尺度的关系

人们日常生活用品的存放和整理,应依据人体操作活动的可能范围,并结合物品使用的频率去考虑它存放的位置。为了正确确定柜、架、搁板的高度及合理分配空间,首先必须了解人体

所能及的动作范围。这样,家具与人体就产生了间接的尺度关系。这个尺度关系是以人站立时,手臂的上下动作幅度为界限的,可分为最佳幅度和一般可达极限,如图 6-49 所示。通常认为在以肩为轴、上肢为半径的范围内存放物品最方便,使用次数也最多,又是人的视线最易看到的视域。因此,常用的物品就存放在这个取用方便的区域,而不常用的物品则可以放在手所能达到的位置。同时还必须按物品的使用性质、存放习惯和收藏形式进行有序放置,力求有条不紊、分类存放、各得其所。

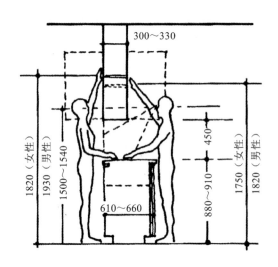

(1) 高度:储藏类家具的高度,根据人存取方便的尺度来划分,可分为三个区域,如图 6-50 所示:第一区域为从地面至人站立时手臂下垂指尖的垂直距离,即 650 mm 以下的区域,该区域存储不便,人必须蹲下操作,一般存放较重而不常用的物品(如箱子、鞋子等杂物);第二区域为以人肩为轴,从垂手指尖至手臂向上伸展的距离(上肢半径活动的垂直范围),高度为 650～1850 mm,该区域是存取物品最方便、使用频率最高的区域,也是人的视线最易看到的视域,一般存放常用的物品(如应季衣物和日常生活用品等);若需扩大储存空间,节约占地面积,则可设置第三区域,即柜体 1850 mm 以上区域(超高空间),一般可存放较轻的过季性物品(如棉被、棉衣等)。

在上述第一、第二储存区域内,根据人体动作范围及储存物品的种类,可以设置搁板、抽屉、挂衣棍等。在设置搁板时,搁板的深度和间距除考虑物品存放方式及物体的尺寸外,还需考虑人的视线。搁板间距越大,人的视域越好,但空间浪费较多,所以设计时要统筹安排。柜类家具与人体尺度的关系如图 6-51 所示。

对于固定的壁橱高度,通常是与室内净高一致;悬挂柜、架的高度还必须考虑柜、架下要有一定的活动空间。

(2) 宽度与深度:至于橱、柜、架等储存类家具的宽度和深度,是根据存放物的种类、数量和存放方式以及室内空间的布局等因素来确定的,而且在很大程度上还取决于人造板材的合理裁割与产品设计系列化、模数化的程度。一般柜体宽度常用 800 mm 为基本单元,深度上衣柜为 550～600 mm,书柜为 400～450 mm。这些尺寸是综合储存物的尺寸与制作时板材的出材率等考虑的结果。

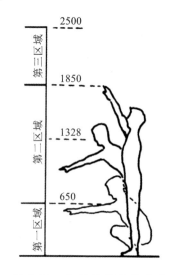

图 6-49　人能够达到的最大尺度范围(单位:mm)　　图 6-50　衣柜类家具的尺度分区(单位:mm)

92

家具设计(第二版)

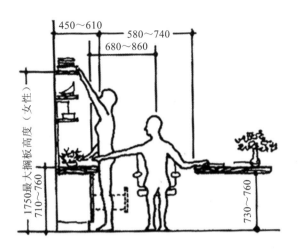
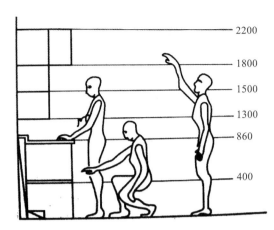

图 6-51　柜类家具与人体尺度的关系(单位:mm)

在设计储藏类家具时,除考虑上述因素外,从建筑的整体来看,还需考虑柜类体积在室内的影响以及与室内要取得较好的视感。从单体家具看,过大的柜体与人的情感较疏远,在视觉上似如一道墙,体验不到家具在使用上给人带来的亲切感。

2. 储藏类家具与储存物的关系

储藏类家具除了考虑与人体尺度的关系外,还必须研究存放物品的类别、尺寸、数量与存放方式,这对确定储存类家具的尺寸和形式起着重要作用。为了合理存放各种物品,必须找出各类物品的常用基本规格尺寸,根据这些数据分析物与物之间的关系,确定适用的尺度范围,以提高收藏物品的空间利用率。所以,既要根据物品的不同特点,综合各方面的因素,区别对待;又要考虑家具制作时的可能条件,制定出尺寸方面的通用参数。

家庭中的生活用品是极其丰富的,从衣服鞋帽到床上用品,从主副食品到烹饪器具及各类器皿,从书报期刊到文化娱乐用品,以及其他日杂用品,洗衣机、电冰箱、电视机、组合音响、计算机等家用电器也已成为家庭必备的设备。这么多尺寸不一、形体各异的生活用品和设备与陈放、储存类家具有着密切的关系。因此,在设计储藏类家具时,应力求使储存物或设备有条不紊、分门别类地存放和设置,使室内空间取得整齐划一的效果,从而达到优化室内环境的作用。图 6-52 所示为常见主要物品的规格尺寸、存放高度和柜类设计的各部分尺寸。

除了存放物的规格尺寸之外,物品的存放量和存放方式对设计的合理性也有很大的影响。随着人们生活水平的不断提高,储存物品的种类和数量也在不断变化,存放物品的方式又因各地区、各民族的生活习惯而各有差异。因此,在设计时,还必须考虑各类物品的不同存放量和存放方式等因素,以提高各种储藏类家具的储存效能。

3. 储藏类家具的主要尺寸

由于储藏物品的繁多种类和不同尺寸,以及室内空间的限制,储藏类家具不可能制作得如此精细,只能分门别类地合理确定设计的尺度范围。根据国家标准的规定,柜类家具的主要尺寸包括外部的宽度、高度、深度尺寸,以及为满足使用要求所涉及的一些内部分隔尺寸等。本节除列有规定尺寸外,还提供了一些参考尺寸,供读者设计时参考。

(1) 衣柜:衣柜的基本尺寸如图 6-53 和表 6-10 所示。

(2) 床头柜和矮柜:床头柜和矮柜的基本尺寸如图 6-54 和表 6-11 所示。

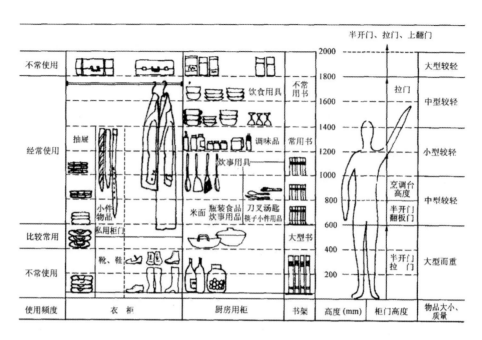

图 6-52　常见物品存放高度示意及尺寸

（3）书柜和文件柜：书柜和文件柜的基本尺寸如图 6-55 和表 6-12 所示。

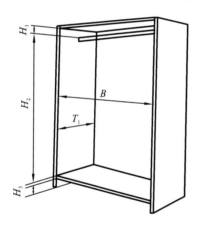

图 6-53　衣柜基本尺寸标注

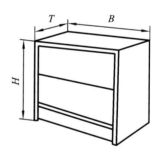

图 6-54　床头柜和矮柜基本尺寸标注

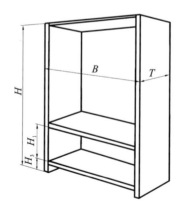

图 6-55　书柜和文件柜基本尺寸标注

表 6-10 衣柜的基本尺寸　　　　　　　　　　　　　　　　　　　　单位:mm

柜类	挂衣空间宽 B	柜内空间深		挂衣棍上沿至顶板内面距离 H₁	挂衣棍上沿至底板内面距离 H₂		衣镜上缘离地面高	顶层抽屉屉面上缘离地面高	底层抽屉屉面下缘离地面高	抽屉深度	离地净高 H₃	
		挂衣空间深 T₁	折叠衣物空间深 T₂		挂长外衣	挂短外衣					亮脚	包脚
衣柜	≥530	≥530	≥450	≥40	≥1400	≥900	≤1700	≤1250	≥50	≥400	≥100	≥50

表 6-11 床头柜和矮柜的基本尺寸　　　　　　　　　　　　　　　　单位:mm

柜类	宽 B	深 T	高 H	离地净高 H₃	
				亮脚	包脚
床头柜	400~600	300~450	500~700	≥100	≥50
矮柜			400~900		

表 6-12 书柜和文件柜的基本尺寸　　　　　　　　　　　　　　　　单位:mm

柜类	宽 B		深 T		高 H		层间净高 H₁	离地净高 H₃	
	尺寸	级差	尺寸	级差	尺寸	级差		亮脚	包脚
书柜	600~900	50	300~400	20	1200~2200	200、50	≥250	≥310	≥100
文件柜	450~1050	50	400~450	10	370~400	—	≥330	≥100	≥50
					700~1200				
					1800~2200				

● 本章作业与思考题

1. 测绘宿舍、教室使用的家具,掌握常用家具的基本尺寸。

2. 简述人体工程学在现代家具设计中的重要性。

第七章

家具设计方法与程序

第一节　设计策划阶段
第二节　设计构思阶段
第三节　初步设计阶段
第四节　施工设计阶段

第一节 设计策划阶段

设计策划阶段的目的是全面掌握资讯,确立设计项目,对设计产品进行定位。

一、资料收集

设计开发家具的首要前提就是资料的收集与整理,而且要从实战的角度进行有效的市场调研,要善于从浩瀚的信息资料中寻找收集有价值的信息,在此基础上进行纵向与横向的对比,对市场信息进行准确的分析与定位,才能保证设计的成功。

二、资料的整理与分析

把所搜寻的资料进行定性定量的分析,把所调查到的产品的样式、标准、规格及各种数据、图片等资料进行分类归档、系统整理,设计编制概念分析图表,做出专题分析报告,并做出科学结论和预测,编写出完整的图文并茂的新产品开发市场调研报告书,作为制造商和委托设计客户的决策层新产品开发设计的决策参考和设计立项依据。

三、设计定位

由于家具企业对设计开发的要求不同,家具产品方向种类与生产经营模式也不同,家具新产品开发设计一般可分为三种情况:改良性产品开发设计、工程项目配套家具设计和新产品开发设计。

第二节 设计构思阶段

设计构思阶段要依据设计要求对设计对象进行功能、材料和结构分析,它在整个设计过程中起着主导作用。

一、设计构思的方法

一般来说,创造性构思首先要具备一些基本能力,包括吸收力、保持力、推进力和独创力。

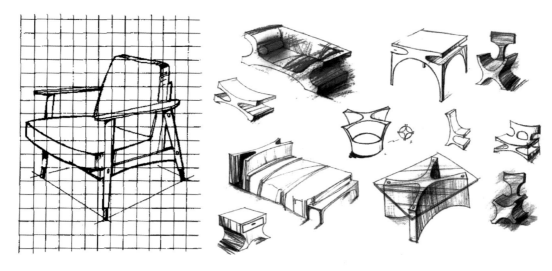

图 7-1　家具构思草图

二、设计构思的表达

设计构思的表达一般是通过设计草图来完成的,又叫作雏形设计。草图是捕捉转瞬即逝的设计构思最有效的表现手段。家具构思草图如图 7-1 所示。

第三节　初步设计阶段

初步设计又称方案设计,它是对设计构思阶段产生的设计草图进行比较、评估,优选出最适宜于实现预定设计目标的造型方案。

一、造型图绘制

造型图不同于设计草图和生产施工图,它是用三视图和立体图的画法,更确切地从实际尺寸、比例中把设计方案表达在纸上的图样。造型图包括按家具制图标准规定的投影法绘制的三视图和以各种不同表现技法绘制的透视效果图。家具的基本尺寸图如图 7-2 所示。

二、模型制作

初步设计阶段除了用图纸来表达设计结果外,还可制作仿真模型,即按比例制作而且采用设计所指定的表面装饰材料进行装饰,在色彩和肌理上完全反映产品的装饰效果。

模型制作过程也是检验构思、深化构思、完善造型与结构设计的过程,是表达设计意图的重要手段。家具模型制作如图 7-3 所示。

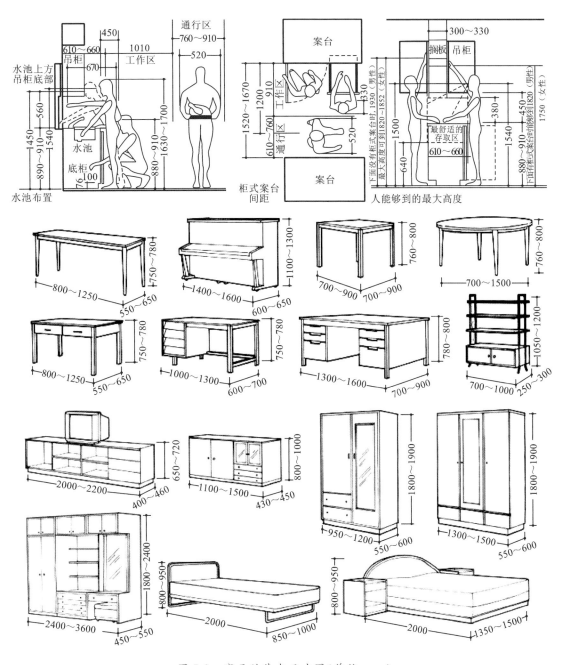

图 7-2　家具的基本尺寸图（单位：mm）

三、方案修正

对各个不同的初步设计方案要逐一地进行分析、比较和评估，并加以修正，才能获得最佳的设计方案。

图 7-3　家具模型制作

第四节　施工设计阶段

　　施工设计阶段是方案设计具体化和标准化的过程,是完成全部设计文件的阶段。这一阶段包括两方面的内容:生产施工图和设计技术文件。

一、生产施工图

　　家具生产施工图是整个家具生产工艺过程和质量检验的基本依据,是家具设计开发的最后工作程序。

　　家具生产施工图必须按照国家制图标准,根据技术条件和生产要求,严密准确地绘出全套详细施工图样,用以指导生产。它包括装配图、部件图、零件图和大样图等。

　　1. 装配图

　　装配图又称结构装配图、总装图,它是表示所有的家具零部件之间按照一定的结合方式装配在一起的生产图纸。

　　2. 部件图

　　部件图是家具中各个部件的制造装配图纸,是介于总装图与零件图之间的生产图纸。

　　3. 零件图

　　零件图是家具中各个零件加工或外加工与外采购时所需的工艺图纸,也是生产工人制造零件的技术依据。

　　4. 大样图

　　家具中有些不规则的特殊造型的零件,需要按照实物的大小绘制分解尺寸大样图。

二、设计技术文件

在完成家具生产施工图的同时,家具设计师还需编制一定的设计技术文件,它包括零部件明细表、材料计算明细表、工艺技术要求与加工说明、零部件包装清单、产品装配说明书、产品设计说明书或设计研发报告书等。

零部件明细表是汇集全部零部件的规格、用料和数量的生产指导性文件,在完成生产施工图后按零部件的顺序逐一填写。对需外加工或外采购的零部件及配件,也应分别列表填写,以便管理。

材料计算明细表是根据零部件明细表中的数量、规格,分别对家具的不同材料的耗用量进行汇总计算与分析。对于木质家具,通常先画出开料图,以便操作工人有计划地裁板开料,节约耗材,降低成本。

工艺技术要求与加工说明是对家具生产进行工艺分析和生产过程的制定,拟定工艺过程和编制工艺流程图,有时还需编制所有零件的加工工艺卡片等。它是生产准备、生产组织和经济核算的基本依据,也是指导工人生产和进行操作的主要技术文件。

第 八 章

明式家具简介

第一节　明式家具的特点与分类

第二节　明式家具的材料

第三节　明式家具的结构

第四节　明式家具的装饰

第五节　明式家具的造型

第六节　明式家具的艺术风格

第一节　明式家具的特点与分类

明式家具没有过多繁缛的装饰,仅在横材和立柱的端头、腿足、牙板、靠背、券口和挡板等部做一些简单的装饰。

(1) 明式家具的造型特点:尺度适宜,比例匀称;收分有致,稳健挺拔;以线为主,富于弹性;造型大方,细部精致。

(2) 明式家具分为五大类:①床榻宝座;②椅、凳、墩;③桌、案、几;④橱、柜、格、箱;⑤屏风及其他。

① 床榻宝座见图 8-1。

② 椅、凳、墩见图 8-2。

图 8-1　床榻宝座

图 8-2　椅、凳、墩

图 8-3　桌、案、几

图 8-4　橱、柜、格、箱

③ 桌、案、几见图 8-3。

④ 橱、柜、格、箱见图 8-4。

第二节　明式家具的材料

　　明式家具的材料一般有木材与非木材两类，木材又分为硬木与非硬木。硬木包括紫檀木、铁力木、黄花梨木、乌木、鸡翅木等；非硬木包括楠木、榆木、榉木、樟木、柞木、核桃木等。另外还有瘿木，瘿木并不是树木的名称，而是老干盘根错节、结瘤生瘿处的木材。非木材材料包括大理石、永石、土玛瑙、南洋石、黄铜等，这些材料一般用于制作家具的装饰部件。

① 硬木见图 8-5。

紫檀原材

鸡血原材

金星紫檀

牛毛紫檀

黄花梨木

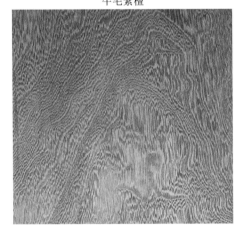
鸡翅木

酸枝木

铁力木

图 8-5　硬木

瘿木

续图 8-5

② 非硬木见图 8-6。

③ 石材见图 8-7。

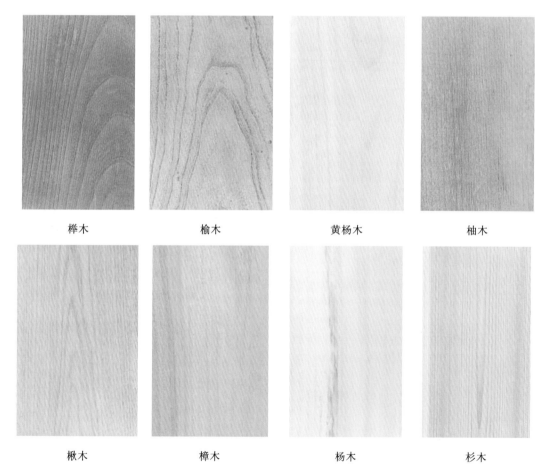

| 榉木 | 榆木 | 黄杨木 | 柚木 |
| 楸木 | 樟木 | 杨木 | 杉木 |

图 8-6 非硬木

图 8-7　石材

④ 金属饰件见图 8-8。

⑤ 螺钿家具见图 8-9。

图 8-8　金属饰件

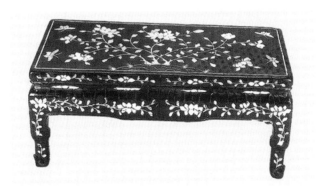

图 8-9　螺钿家具

第三节 明式家具的结构

明式家具的结构分为有束腰和无束腰两大结构特征。根据不同情况,采用不同形式的榫卯结构。

（1）平板拼合：龙凤榫,如图8-10所示。

（2）横竖材接合：格肩榫、夹头榫、插肩榫等,如图8-11所示。

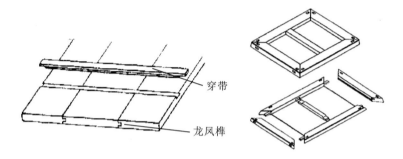

穿带

龙凤榫

图 8-10 平板拼合

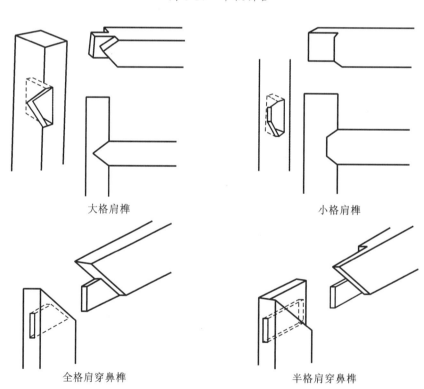

大格肩榫　　　　　　　　　　　小格肩榫

全格肩穿鼻榫　　　　　　　　　半格肩穿鼻榫

图 8-11 横竖材接合

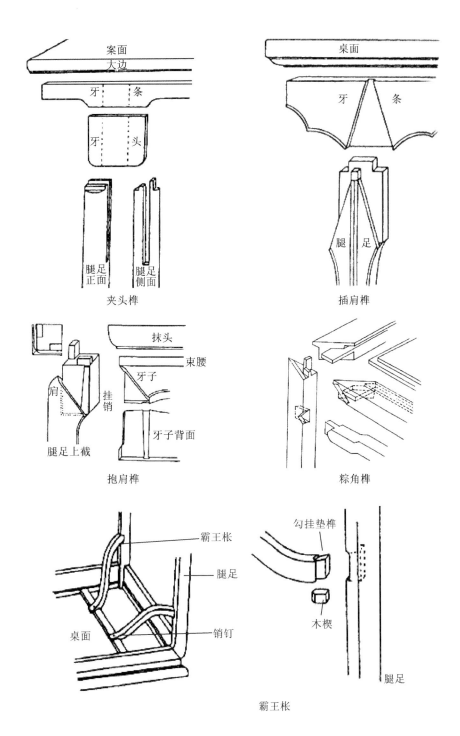

案面

大边

牙　条

牙　头

腿足
正面

腿足
侧面

夹头榫

桌面

牙　条

腿　足

插肩榫

抹头

束腰

牙子

肩

挂销

牙子背面

腿足上截

抱肩榫

粽角榫

霸王枨

腿足

桌面

销钉

勾挂垫榫

木楔

腿足

霸王枨

续图 8-11

（3）弧形材接合：楔钉榫，如图 8-12 所示。

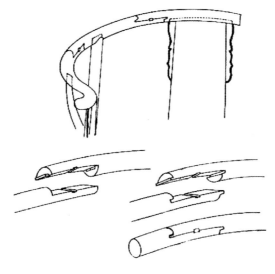

图 8-12　弧形材接合

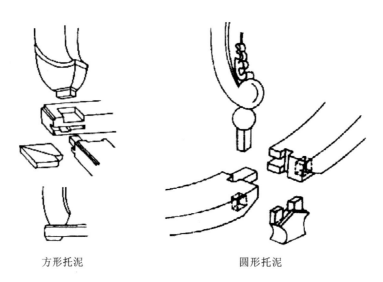

方形托泥　　　　　　　　圆形托泥

图 8-13　托泥与腿足的接合

（4）托泥与腿足的接合，如图 8-13 所示。

第四节　明式家具的装饰

1. 装饰题材

装饰题材有植物纹、动物纹、风景、人物纹、几何纹样、吉祥图案等。

2. 装饰手法

装饰手法有线型、雕刻、镶嵌、描金、彩绘、附属构件等。

① 明式家具常见的纹饰见图 8-14。

如意云纹　　　　　　　　　　螭纹

吉祥图案　　　　　　　　　　波纹

吉祥图案　　　　　　　　　　博古纹

图 8-14　明式家具常见的纹饰

家具设计（第二版）

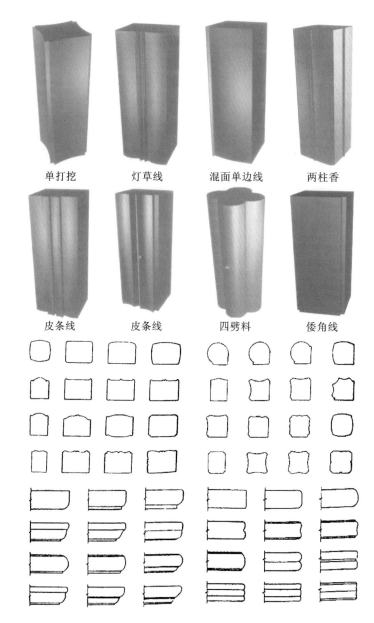

| 单打挖 | 灯草线 | 混面单边线 | 两柱香 |
| 皮条线 | 皮条线 | 四劈料 | 倭角线 |

图 8-15　明式家具常见的线型

② 明式家具常见的线型见图 8-15。

③ 明式家具常见的面板边沿造型见图 8-16。

图 8-16　明式家具常见的面板边沿造型

浮雕

透雕

圆雕

图 8-17　明式家具雕刻形式

④ 明式家具雕刻形式见图 8-17。

第五节　明式家具的造型

明式家具的造型可以归纳为以下四个特点:尺度适宜,比例匀称;收分有致,稳健挺拔;以线为主,富于弹性;造型大方,细部精致。

1. 尺度适宜,比例匀称

《遵生八笺》里说:"默坐凝神运用,须要坐椅宽舒,可以盘足后靠……托颏之中,向后则以脑枕靠脑,使筋骨舒畅,血气流行。"严密的比例关系和舒适宜人的尺度,是功能和形式的完美统一。明代官帽椅如图 8-18 所示。

2. 收分有致,稳健挺拔

明式家具的收分依腿长短而定,腿部从下端至上端逐渐收细,并向里略倾,腿下部比上部略粗,使家具稳健、挺拔向上之感,同时还具有安定稳重之感,如图 8-19 所示。

3. 以线为主,富于弹性

线脚丰富多彩、千变万化、线型流畅、舒展刚劲。如圈椅的设计曲线圆劲有力,极富韵律节奏之美感,造型奇绝、雍容大方,极具艺术研究欣赏价值,如图 8-20 所示。

4. 造型大方,细部精致

明式家具"尽精微、致广大"是其成功的因素之一。其造型洗练、落落大方,同时在细微之处又给予了充分的关注和恰如其分的处理,如杆件、靠背、线脚、铜什件均精美舒适,如图 8-21 所示。

图 8-18　明代官帽椅

图 8-19　南官帽椅

图 8-20　圈椅

图 8-21　靠背椅

第六节　明式家具的艺术风格

明式家具的艺术风格可用四个字概括：古、雅、精、丽。

1. 古

明式家具崇尚先人的质朴之风，追求大自然本身的朴素无华，注重材质美，充分运用木材本身的纹理，不加遮饰，利用本质肌理特有的材料美，来显示家具木材本身的自然质朴之美，如图8-22所示。

2. 雅

明式家具的材料、工艺、造型、装饰所形成的总体风格具有典雅质朴、大方端庄的特点，如注重家具线型变化，边框券口接触柔和，形成直线和曲线的对比、方和圆的对比、横与直的对比，具有很强的形式美。还如装饰寓于造型之中，精练扼要，不失朴素大方，以清秀雅致见长，以简练大方取胜。再如金属附件，实用而兼装饰性，为之增辉。总之，明式家具风格典雅清新、不落俗套、耐人寻味，具有极高的艺术品位。

3．精

明式家具做工精益求精、严谨准确、一丝不苟,非常注意结构美,尽可能不用钉和胶,因为不用胶可以防潮,不用钉可以防锈,而主要运用榫卯结构。榫有多种,适应多方面结构,既符合功能要求和力学结构,又使之牢固、美观耐用。

4．丽

图 8-22　古风明式家具

明式家具体态秀丽、造型洗练、形象淳朴、不善繁缛。特别注重意匠美,注重面的处理,比例掌握合度,线脚运用适当。并运用中国传统建筑框架结构,使家具造型方圆立脚如柱、横档枨子似梁,从而形成了以框架为主、以造型美取胜的明式家具特色,使明式家具具有造型简洁利落、淳朴挺拔、柔婉秀丽的美感。

古、雅、精、丽体现了明式家具简练质朴的艺术风格,饱含了明代工匠的精湛技艺,浸润了明代文人的审美情趣。

明式家具结构科学、制作精良;明式家具用材讲究、工艺严谨;明式家具设计合理、含蓄圆润;明式家具造型简洁、装饰相宜。明式家具在我国家具史上占有重要的地位,是世界家具宝库中一颗璀璨的明珠。

第八章　明式家具简介

参 考 文 献

[1] 钱芳兵,刘媛.家具设计[M].北京:中国水利水电出版社,2012.

[2] 许柏鸣.家具设计[M].北京:中国轻工业出版社,2000.

[3] 杨中强.家具设计[M].北京:机械工业出版社,2008.